Martin Pabst,

Straßenbahn-Fahrzeuge. Band 2: Niederflur- und Stadtbahnwagen

Titelbild: Stadtbahnwagen der Serie 6000 in Hannover (Foto: J. Hörstel)

CIP-Einheitsaufnahme
Straßenbahn-Fahrzeuge:
Band 2: Typenbuch der Niederflur- und Stadtbahnwagen /
Martin Pabst
2., komplett überarbeitete Auflage
München: GeraMond Verlag, 2000
ISBN 3-932785-17-7

2., komplett überarbeitete Auflage

Herstellung: Frank Ladd
Druck: Printer Trento s.r.l.
Printed in Italy by Printer Trento S.r.l.

Martin Pabst

Straßenbahn-Fahrzeuge

Band 2: Typenbuch der Niederflur- und Stadtbahnwagen

E = Einrichtungswagen, Z = Zweirichtungswagen, U = Umbau

Stadtbahn- und Niederflur-Fahrzeuge

Geschichte der Stadtbahn- und Niederflurwagen

Zwischen 1945 und 1978 wurden in der Bundesrepublik Deutschland rund 60 Straßenbahnbetriebe auf Obus oder Autobus umgestellt. In der (ver)öffentlich(t)en Meinung stand die Straßenbahn im Ruf eines veralteten Verkehrsmittels, obwohl die bundesdeutsche Waggon- und Elektroindustrie seit 1949 leistungsfähige, wirtschaftliche Großraumwagen und bald auch Gelenkzüge lieferte.

Spätestens unter dem Eindruck der ersten Ölkrise (1973) und gestiegener Umweltprobleme änderte sich diese Haltung. Zahlreiche städtische Verdichtungsräume zwischen 100 000 und 1 Mio. Einwohner erkannten die künftige Bedeutung eines leistungsfähigen Schienenpersonennahverkehrs (SPNV), konnten sich aber eine Voll-U-Bahn – wie in den Millionenstädten Berlin, Hamburg, München und dem Sonderfall Nürnberg-Fürth realisiert – nicht leisten. Das Resultat der planerischen Überlegungen war die „Stadtbahn", ein Mittelding zwischen Straßenbahn und U-Bahn. Der eigentlich im Sinne einer Stadtschnellbahn besetzte Begriff („Berliner Stadtbahn", „Wiener Stadtbahn") wurde in seiner neuen Bedeutung erstmals in Frankfurt am Main verwendet, wo am 4. Oktober 1968 der erste Teilabschnitt eines solchen Systems mit zwei Tunnelabschnitten zwischen der Hauptwache und der Nordweststadt in Betrieb ging. Eine Stadtbahn (light railway, métro lèger) verkehrt im Zentrum in der Regel in der zweiten Ebene; oberirdisch ist sie möglichst unabhängig vom Individualverkehr trassiert. Dadurch werden die Reisegeschwindigkeit erhöht und die Störanfälligkeit vermindert. Nach Möglichkeit werden Stadtbahnsysteme in der Normalspur trassiert; die Meterspurbetriebe des Ruhrgebietes und Stuttgart beschlossen die Umspurung. Fahrzeuge und Haltestellen präsentieren sich im neuen Stadtbahn-Design und bieten den Fahrgästen gesteigerten Komfort. Erhöhte Bahnsteige erleichtern das Einsteigen: Zu unterscheiden sind Niedrigbahnsteige bis 400 mm Höhe und Hochbahnsteige von rund 900 mm Höhe, wie sie anfänglich vor allem in unterirdischen Stationen Verwendung fanden. Die Stromabnahme über Oberleitung (anstelle einer seitlichen Stromschiene) und eine Wagenbreite von max. 2,65 m (anstelle der im U-Bahn-Betrieb in Deutschland heute gebräuchlichen 2,90 m) ermöglichen die organische Weiterentwicklung vom Straßenbahn- zum Stadtbahnbetrieb. Anders als beim U-Bahn-Bau können neue Stadtbahnstrecken bereits in isolierten Teilabschnitten eröffnet werden. Es sind keine getrennten Depot- und Werkstattanlagen notwendig, und für den Fahrgast entfällt der lästige „gebrochene Verkehr" mit Umsteigezwang. Als Fernziel wird ein U-Bahn-ähnlicher Betrieb angestrebt, wie er z.B. auf der

Deutschlands erste Stadtbahn 1968 in Frankfurt am Main: U2-Gelenkwagen am erhöhten Bahnsteig

Bonner Linie 63 nach Bad Godesberg, die an jeder Station Hochbahnsteige aufweist, von Inbetriebnahme (1975) an realisiert wurde.

1968 erschien mit dem Frankfurter U2-Serienwagen der erste „echte“ Stadtbahnwagen. Kennzeichen dieser Fahrzeuge sind:

- Zweirichtungsbetrieb für Wendeanlagen mit Gleiswechsel,
- Klapptrittstufen für den Einsatz an Hoch- und Tiefbahnsteigen,
- vergrößerte Wagenbreite,
- erhöhter Innenraumkomfort,
- abgetrennte Fahrerkabinen,
- neues Außen- und Innendesign,
- gesteigerte Motorleistung mit erhöhter Beschleunigung und Bremsverzögerung,
- elektronische Steuerungen mit Möglichkeit der Zugbildung anstelle des bisher oft angewandten Beiwagenbetriebs.

Zu unterscheiden sind dabei zwei Grundtypen:

- „schwere“ Stadtbahnwagen in Normalspur für voll ausgebaute Strecken (Wagenbreite 2,65 m, vergrößerte Wagenkastenlänge und Drehgestellmittenabstände, Höchstgeschwindigkeit 80 oder 100 km/h, ggf. Wegfall von Trittstufen infolge ausschließlichen Betriebs an Hochbahnsteigen): Rhein/Sieg und Rhein/ Ruhr Typ B, Frankfurt a.M. U2/U3, Stuttgart DT8, Karlsruhe GT6/8-80C (eine Einrichtungsversion), Hannover „2000“;
- „leichte“ Stadtbahnwagen in Normal- oder Meterspur für den Stadtbahn-Vorlaufbetrieb (beim Meterspur-Betrieb Bielefeld als endgültige Lösung) bzw. zur Leistungs- und Komfortsteigerung auf verbleibenden Straßenbahnstrecken (Wagenbreite 2,30-2,40 m, Wagenkasten-

länge und Drehgestellmittenabstände entsprechend einem Straßenbahnwagen, Höchstgeschwindigkeit 70 km/h): Typen M/N, Frankfurt a.M. P/Pt, Hannover „6000".

Im wagenbaulichen Teil änderte sich nicht viel: Der sechs- oder achtachsige Gelenktriebwagen mit Jakobsdrehgestellen unter den Gelenken war weiterhin das Standardfahrzeug. Trotz gelegentlicher Verwendung des Werkstoffes Aluminium (Düsseldorfer B80D-Wagen) blieb der Stahlleichtbau bestimmend. Der 1979 von Thyssen/Siemens entwickelte SIMOTRAC-Antrieb integriert Motor- und Achsgetriebe, womit das Gewicht reduziert wird; bei Drehstromantrieb ermöglichte er die elektrische statt der beim DÜWAG-Antrieb gegebenen mechanischen Kupplung der Achsen bzw. eine Verkürzung des Radstandes im Drehgestell.

Integrierter SIMOTRAC-Antrieb ohne Motorlagerschilde und mit neuentwickelten Sternkupplungen (Siemens-Thyssen 1979)

Rasant gestaltete sich hingegen die Fortentwicklung der elektrischen Ausrüstungen: Hier setzte die von Siemens entwickelte Thyristor-Gleichstromstellersteuerung (Choppersteuerung) neue Maßstäbe. Sie arbeitet verschleißlos und ohne Widerstände. Gleichstromsteller „zerhacken" die Fahrdrahtspannung und regeln dadurch Anfahren und Bremsen stufenlos. Die Gleichstromstellertechnik hat die Rückspeisung von Bremsenergie wirtschaftlich möglich gemacht. Dadurch können, bei entsprechender Verknüpfung im Stromnetz, bis zu 30 Prozent der Energie im Betrieb eingespart werden. Serienmäßig kamen Gleichstromstellersteuerungen erstmals 1974 beim Hannoverschen Stadtbahnwagen Typ „6000" zur Anwendung.

Der nächste Entwicklungsschritt war der Drehstromantrieb. Vorgeschaltete Thyristor-Umrichter kombinieren verlustarm arbeitende Gleichstromsteller und Wechselrichter. Drehstromantriebe ermöglichen die Verwendung robuster und wartungsarmer kommutatorloser Motoren. Nach erfolgreichen Probefahrten mit zwei Versuchsfahrzeugen – dem Nürnberger Umbauwagen Nr. 1521 (Siemens 1975) und dem Mülheimer M6D Nr. 282 (Siemens 1979) – nahm Düsseldorf 1981 eine erste Serie von Drehstromfahrzeugen des Typs B80D in Betrieb.

Im Jahr 1991 wurden im badischen Karlsruhe die ersten Zweisystem-Stadtbahnwagen für 750 V Gleich- und 15 kV 16 2/3 Hz Wechselspannung in Betrieb genommen. Sie wechseln vom

Erfolgskonzept Karlsruhe: Regionalstadtbahn mit Zweisystemfahrzeugen

Straßenbahnnetz auf das DB-Vorortnetz über. Die elektrische Ausrüstung lieferten ABB und Siemens: Ein dem Transformator vorgeschalteter Gleichrichter paßt die Wechselspannung den Gleichstromaggregaten an. Der Systemübergang erfolgt automatisch. Die 15-kV-Zusatzausrüstung ist platzsparend im Dachbereich und unter dem Boden des Mittelwagens untergebracht. Sieben Jahre später ist im Raum Karlsruhe ein weitverzweigtes, ständig weiterwachsendes Regionalstadtbahnnetz entstanden, das mit Zweisystemwagen betrieben wird, und die neuangelegte Saarbrücker „Saarbahn" hat 1997 das Erfolgsrezept kopiert.

Da der seit den sechziger Jahren marktbeherrschende Hersteller DÜWAG die Produktion konventioneller Straßenbahnwagen 1978 auslaufen ließ, waren auch konventionelle Straßenbahnbetriebe genötigt, Stadtbahnwagen zu beschaffen, obwohl manche von deren Merkmalen (wie hohe Motorleistung, Einrichtung für Zugsteuerung, Zweirichtungsbauweise) nicht erforderlich oder geradezu hinderlich waren. Manche Betriebe, wie z.B. Krefeld, machten keinen Hehl daraus, daß sie lieber die kostengünstigeren Straßenbahnwagen des klassischen DÜWAG-Typs weiterbeschafft hätten.

Wegen fehlender Mittel für ÖPNV-Investitionen wurden in der DDR keine vergleichbaren Stadtbahnsysteme errichtet. Priorität genossen neue S-Bahn-Systeme auf verhandener Reichsbahn-Infrastruktur, die die Straßenbahn entlasten sollten. Zu erwähnen sind allerdings zwei Straßenbetriebe, die stadtbahnähnliche Umbauten durchführten: Karl-Marx-Stadt (Chemnitz) und Schwerin gingen ab 1968 bzw. 1973 auf eine Wagenbreite von 2,50 m über und trassierten ihr Streckennetz nach Möglichkeit auf eigenem Bahnkörper. Ersterer Betrieb spurte zudem zwischen 1960 und 1988 sein Gleisnetz von 925 mm Schmalspur auf 1435 mm Normalspur um. Im Fahrzeugbereich ergaben sich keine wesentlichen Unterschiede: Karl-Marx-Stadt und Schwerin verwendeten, wie die anderen DDR-Großbetriebe, tschechische Tatra-Vierachser; Innenraum- und Haltestellenkomfort waren minimal.

Fußbodenhöhe 380 mm schon 1934: Essener MONTOS-Wagen mit Losrädern und Lenkgestellen

Die Niederflurtechnik revolutioniert den Fahrzeugbau

Anfang der neunziger Jahre ging die Stadtbahneuphorie allmählich zu Ende. Angesichts knapper werdender Mittel waren kostspielige Tunnelbauten und Streckenumbauten immer schwerer zu finanzieren. In dieser Situation zeigte die Niederflurtechnik neue Wege auf: Komfort und Attraktivität der klassischen Straßenbahn konnten dadurch auf preisgünstige Weise gesteigert werden. Für einen stufenlosen Zugang waren keine aufwendigen Hochbahnsteige mehr erforderlich, die zudem an der Oberfläche nur allzu oft das Stadtbild verunstalten. Außerdem beschleunigen Niederflureinstiege den Fahrgastwechsel und erhöhen damit die Reisegeschwindigkeit. Unterstützt durch Ampelbeeinflussungssysteme, wird die Straßenbahn schneller, pünktlicher und gleichzeitig wirtschaftlicher (durch Einsparung von Fahrzeugen und Personal bei verkürzten Umlaufzeiten).

Immer wieder war im Straßenbahnwagenbau versucht worden, die Fußbodenhöhe von rund 800-900 mm über Schienenoberkante abzusenken. Der erste deutsche Niederflurwagen wurde 1914 von MAN erbaut: Der Nürnberg-Fürther Beiwagen 1200 mit gekuppelten Einachs-Drehgestellen bot im Bereich des abgesenkten Mitteleinstieges eine Einstiegshöhe 365 mm. Auch die vierachsigen Beiwagen der Betriebe Bonn-Bad Godesberg-Mehlem und Dortmund (van der Zypen 1914 bzw. LHB 1925) wiesen infolge Kröpfung der Wagenkasten-Untergestelle

Niesky-Prototyp von 1932 mit zwangsgelenkten Liechty-Lenkachsen im Mittelwagen – Wiederkehr bei den DUEWAG-Niederflurwagen R 1.1 (Bonn), NF-GTL (Düsseldorf) und dem Kunststoff-Mittelwagen von Schindler/Fiat-SIG

einen abgesenkten Mitteleinstieg auf. Nach US-amerikanischem Vorbild konstruierte Orenstein & Koppel 1934 in Zusammenarbeit mit der Essener Verkehrs AG den revolutionären MONTOS-Triebwagen mit einer durchgehenden Bodenhöhe von 380 mm. Ein Lenkgestänge stellte die von je einem Motor angetriebenen, achslosen Losräder in Kurven radial ein. In den fünfziger Jahren bot der Schweizer Hersteller Schindler Großraum- und Gelenkwagen mit einer auf 430 mm abgesenkten Hinterplattform an, unter der ein kleinrädriges Laufdrehgestell vorgesehen war.

Dennoch blieb der Hochflurwagen Standard. Erst der politische Druck von Fahrgast- und Behindertenseite sorgte in jüngster Zeit dafür, daß niederflurige Bahnen und Busse angeschafft wurden. Die deutschen Betriebe waren in der Frage der Niederflurtechnik gegenüber den Nachbarländern vorübergehend im Hintertreffen. Dabei hatte die deutsche Industrie den ersten neuzeitlichen Wagen mit verminderter Einstiegshöhe konstruiert: DUEWAG hatte 1984 in Kooperation mit dem Schweizer Hersteller Vevey einen neuentwickelten Gelenktriebwagen mit verbesserter Hüllkurve (Verzicht auf ein Jacobs-Drehgestell) an die Genfer Straßenbahn geliefert. Auf Wunsch des Kunden waren 60 Prozent des Fahrzeuges mit einer Fußbodenhöhe von 480 mm ausgeführt worden. Dies wurde durch den Einsatz eines Laufdrehgestelles mit besonders kleinem Raddurchmesser (375 mm/neu) ermöglicht. Das Konstruktionsprinzip war dem Rollbock-Drehgestell von Vevey entlehnt. Unter den Wagenenden wurden konventionelle Triebdrehgestelle eingebaut (Raddurchmesser 660 mm/neu). Auf dem deutschen Markt wurde die Niederflurtechnik in den achtziger Jahren noch nicht hin-

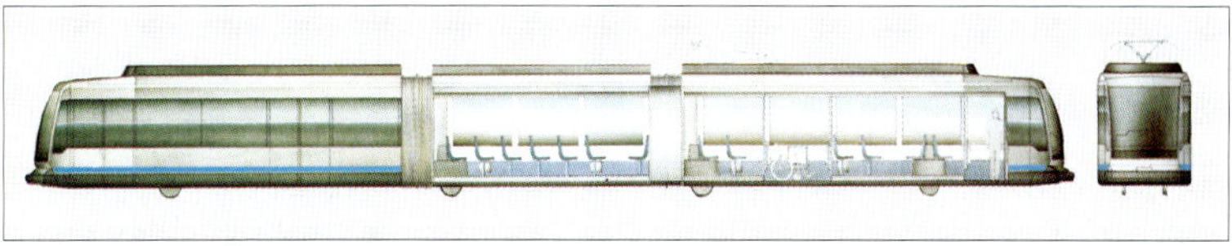

Das Projekt VÖV-Niederflur-Stadtbahn mit Einzelrad-Einzelfahrwerken (EEF)

reichend vermarktet bzw. nachgefragt. Eine vom Bundesministerium für Forschung und Technologie (BMFT) geförderte Entwicklergemeinschaft aus fünf Waggonbaufirmen, vier Elektrofirmen und fünf Verkehrsbetrieben arbeitete seit 1986 an einer vereinheitlichten „VÖV-Niederflur-Stadtbahn". Lauftechnisch baute sie auf den von dem Aachener TU-Professor F. Frederich entwickelten, selbstlenkenden Einzelrad-Einzelfahrwerken (EEF) auf. Nach diversen Verzögerungen wurden 1991 drei Prototypen in verschiedenen Wagenkastenlängen, Breiten und Spurweiten in Bonn, Düsseldorf und Mannheim/Ludwigshafen präsentiert. Das EEF in angetriebener Form konnte jedoch lauftechnisch nicht befriedigen. Lediglich in Düsseldorf erreichte der Prototyp die Phase des Testeinsatzes. Angesichts der extrem leichten Bauweise (z.T. unter 1 t/1 m Wagenkastenlänge), die den Werten des Gelenkomnibusses nahegekommen wäre, war das Scheitern der mit großem Aufwand vorangetriebenen „VÖV-Niederflur-Stadtbahn" äußerst bedauerlich.

Die Waggonbaufirma MAN GHH, die seit 1957 den Straßenbahnbau nur noch als Nebengeschäft für Stammkunden betrieb und keine eigenständigen Entwicklungen mehr riskiert hatte, erkannte damals die Marktchancen der neuen Niederflurtechnik. Ergänzend zum VÖV-Projekt entwickelte MAN GHH in Verbindung mit der Bremer Straßenbahn und ebenfalls mit Unterstützung des BMFT eine alternative 100-Prozent-Niederflurlösung. Im Februar 1990 hatte der GT6N-Prototyp (Bremen Nr. 801) sein vielbeachtetes „Roll-Out". In seinen Drehgestellen sind ein angetriebenes Radsatzpaar und nicht angetriebene Losräder zusammengefaßt. Der Motor ist am Wagenuntergestell abgefedert aufgehängt. Der Antrieb erfolgt über außenliegende Getriebe und eine torsionssteife Welle, die die herkömmliche Radsatzwelle ersetzt. In Kurven werden die Drehgestelle durch Nutzung der sekundären

Im Alltagsbetrieb nicht bewährt: Einzelrad-Einzelfahrwerk (EEF) in angetriebener Form

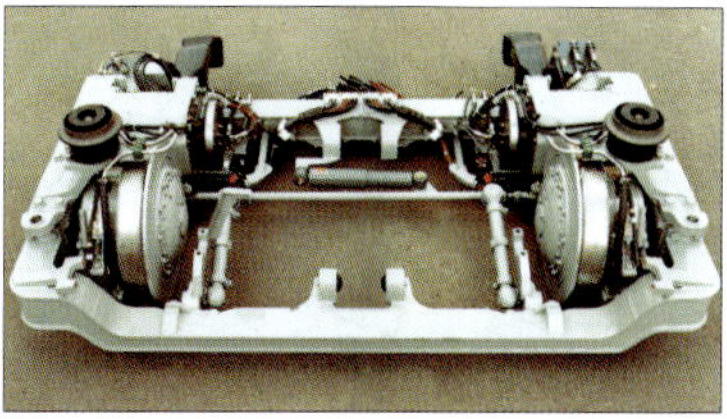

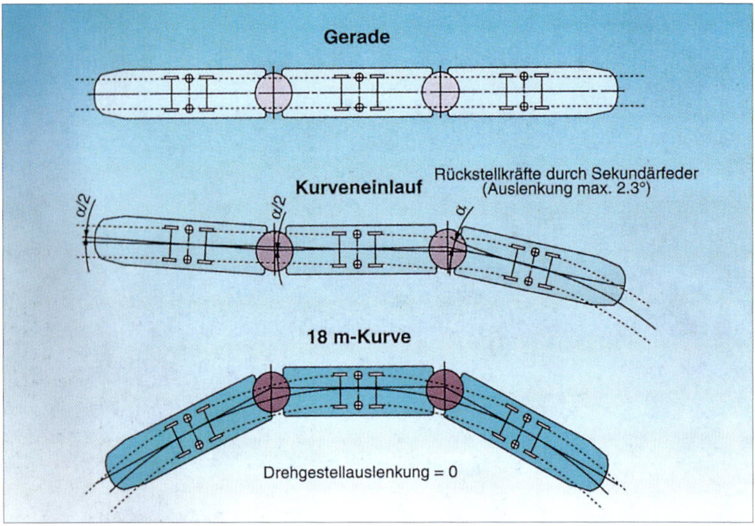

GT6N von MAN GHH: Drehgestellanlenkung mittels Rückstellkraft der Sekundärfederung. Drehgestell mit angetriebener Achse und nicht angetriebenem Losradpaar, Antrieb über torsionssteife Welle (unten)

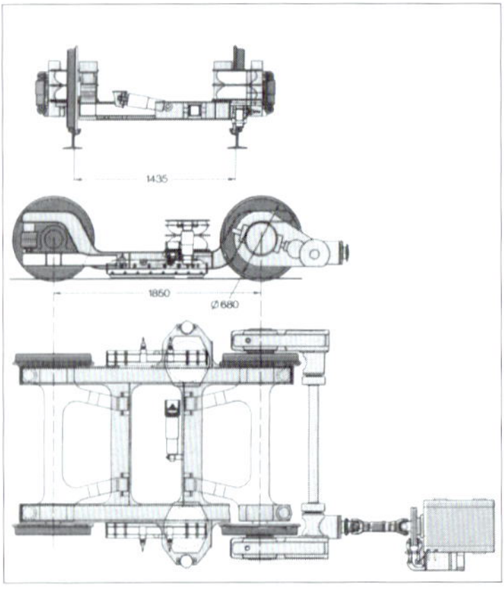

Gummifedern begrenzt radial eingestellt. Die Antriebsausrüstung ist auf dem Dach untergebracht.

Nun setzte eine Niederflureuphorie ein. Richtungsweisend war die Entscheidung der Kölner Verkehrsbetriebe vom Dezember 1991, die Ost-West-Linien nicht, wie geplant, auf Stadtbahnbetrieb mit Hochbahnsteigen umzustellen, sondern hierfür eigenständige Fahrzeuge mit verringerter Bodenhöhe zu beschaffen. Auch die Betriebe der Neuen Bundesländer gingen ohne Zwischenschritt zum Niederflurwagen über: So revidierte Erfurt seine ursprüngliche Absicht, hochflurige M8C-Wagen zu kaufen, und

MAN GHH entwickelte 1990 den ersten zu 100 % niederflurigen Straßenbahnwagen Typ GT6N (Serienversion München, Bj. 1995-97)

orderte statt dessen bei DUEWAG niederflurige MGT6D.

Die deutsche Waggonbauindustrie entwickelte zwei Dutzend konstruktiv unterschiedlicher Mittel- und Niederflurtypen. Von der ursprünglich angestrebten Einheitlichkeit blieb wenig übrig; sie ist noch am ehesten im Bereich der elektrischen Ausrüstungen zu finden.

Die Mittel-/Niederflurtypen gliedern sich in folgende Obergruppen auf:

- Niederfluranteil 10-50 Prozent (konventionelle Jakobsdrehgestellwagen mit Niederflur-Wagenteil, häufig in der Form von Umbauwagen),
- Mittel-/Niederfluranteil 60-75 Prozent (im Hochflurbereich konventionelle Triebdrehgestelle/Fahrwerke und Antriebe, im Mittel-/Niederflurbereich neue Lösungen),
- Niederfluranteil 100 Prozent (neue Fahrwerks- und Antriebslösungen)

Zwar erwies sich der zu 100 Prozent niederflurige GT4/6/8M/N von MAN GHH (später Adtranz) als Verkaufsschlager und wurde zwischen 1990 und 1998 von zehn deutschen Betrieben in West und Ost in Dienst gestellt, doch viele Kunden zogen eine Mischung aus alter und neuer Lauftechnik vor und beschafften 60-70prozentige Niederflurwagen, wovon DUEWAG eine Reihe unterschiedlicher Typen entwickelte. Die Tendenz geht heute jedoch unab-

sehbar zu 100 Prozent Niederflur, wie in allen derzeit entwickelten Fahrzeugkonzepten realisiert.
Die Möglichkeit der niederflurigen Erweiterung von Hochflurfahrzeugen wurde zunächst von drei Betrieben genutzt (Duisburg, Mannheim, Nürnberg). 1995 präsentierte die Schweizer Firma Schindler einen GFK-Niederflur-Mittelwagen in Wickelbauweise, der mit zwangsgelenkten Losrad-Gestellen von Fiat-SIG versehen ist. Den Einbau nimmt der Mittenwalder Gerätebau (MGB) vor. Die Massenminderung hält sich bei der Wickeltechnik allerdings in Grenzen; außerdem gibt es Probleme mit der Festigkeit in den Ecken. DUEWAG zog 1998 mit einem neuentwickelten, besonders leichten Mittelteil für einen Dortmunder B80C/8-Wagen nach. Es ist rahmenlos gefertigt; die Kunststoffhülle ist selbsttragend. Möglicherweise werden noch eine Reihe von Betrieben ihre hochflurigen Straßen- und Stadtbahnwagen entsprechend erweitern.
Eine andere kostengünstige Maßnahme zur Komfort- und Kapazitätssteigerung ist die Anschaffung niederfluriger Beiwagen. Zunächst beschritt Darmstadt diesen Weg und bezog von LHB Niederflur-Beiwagen mit Kleinraddrehgestellen für den Einsatz hinter hochflurigen Gelenktriebwagen. Ähnliche Fahrzeuge erhielten 2000 Leipzig und Rostock von Bombardier, um sie in Tatra-Vierachser-Züge einzureihen. Doch da mutwillige Beschädigung und Fahrgastbelästigung in geführten Wagen kaum in den Griff zu bekommen sind, geht die Tendenz zu immer längeren Gelenktriebwagen. Die Fahrgäste wünschen heute eine größtmögliche Nähe zum Fahrer. Der Beiwagen hat stark an Wertschätzung verloren, obwohl er infolge seiner flexiblen Einsatzfähigkeit betriebliche Vorteile bringt. Symptomatisch war die 1997 erfolgte Stornierung eines Auftrages über 15 Niederflur-Beiwagen (und einer Option auf 44 weitere) durch den neuen Rheinbahn-Vorstand; statt dessen wurden bei der DUEWAG längere Niederflur-Gelenktriebwagen in Auftrag gegeben. Auch Berlin hat seine diesbezügliche Ausschreibung wieder zurückgezogen. An dieser Stelle sei angemerkt, daß die Niederflurtechnik die Verwendung klassischer Vierachs-*Triebwagen* erschwert, denn in einem einteiligen Niederflurfahrzeug ist im Innenraum und auf dem Dach nur wenig Platz für die Unterbringung der elektrischen und pneumatischen Ausrüstung vorhanden. Niederflurige Einzelwagen wären eher in der Form kurz gekuppelter Doppeltriebwagen denkbar.
Trotz des Niederflurbooms werden „schwere Stadtbahnsysteme“ weiterhin für hochflurige Stadtbahnwagen einen Markt bieten. ALSTOM LHB präsentierte 1997 den vielbeachteten Hannoverschen Stadtbahnwagen “2000“ der zweiten Generation (mit britischem Design). Die in diesem Marktsegment führende DUEWAG liefert an Frankfurt a.M. und Stuttgart Fortentwicklungen ihrer Stadtbahnwagen (U4 bzw. DT8.10), und als preiswerter Nachfolger des Stadtbahnwagens B

wurden 1999 zwei Prototypen der Fahrzeugfamilie „Citysprinter" fertiggestellt. Sie orientiert sich am Fertigungskonzept des niederflurigen „Combino" (siehe unten). Der Konkurrent Bombardier hat allerdings mit seinem neuen Hochflurtyp K5000 die Nase vorn: Er konnte im Jahr 1999 die Ausschreibung für Köln gewinnen.

Der Zwang, im Niederflurbereich Räder, Fahrgestelle und Antriebe möglichst klein zu halten, löste den größten Innovationsschub in der Geschichte des Straßenbahnbaues aus. Folgende niederflurfähige Laufwerklösungen wurden in den neunziger Jahren in Deutschland und dem benachbarten Österreich realisiert:

- ab 1990: drehwinkelbegrenzte, unter Nutzung der Sekundärfederung gelenkte Trieb- und Laufdrehgestelle (Adtranz-Typ GT4//GT6/GT8M/N für Bremen, München, Berlin etc.; DUEWAG-Typ R für Frankfurt a.M.);
- ab 1990: Einzelrad-Einzel-Fahrwerke (EEF) mit Selbstlenkung in Trapez-Radlenkgeometrie (nicht angetriebene EEF in DUEWAG-Typen MGT6/NGT6 für Kassel, Bochum, Halle, Rostock etc.; angetriebene EEF wurden serienmäßig nicht realisiert);
- ab 1993: über Scharniere drehsteif mit dem Wagenuntergestell verbundene Trieb- und Lauffahrwerke (Adtranz-Variobahn für Chemnitz, Duisburg etc.; DUEWAG-Typen für Mannheim/Ludwigshafen, Dresden; LHB-Wagen für Würzburg; „Combino" von Siemens-DUEWAG für Augsburg, Freiburg/Br., Potsdam und leicht abgewandelt für Düsseldorf),
- ab 1993: Losrad-Portalgestelle mit Zwangslenkung durch eine Hebelsteuerung vom benachbarten Gelenkknickpunkt (DUEWAG-Typen für Bonn und Düsseldorf; Kunststoff-Mittelwagen der Umbauwagen von Cottbus, Brandenburg, Mülheim/Ruhr),
- ab 1994: Kleinrad-Laufdrehgestelle (DUEWAG/DWA für Leipzig, LHB für Magdeburg, Darmstadt), künftig auch Kleinrad-Triebdrehgestelle („Lowtrac"-Drehgestell von Vevey für das „Urbos"-Konzept: Radstand nur 1000 mm, tief liegende Kugelkranzwiege);
- ab 1995: angetriebene und teilweise zwangsgelenkte Losrad-Portale beim „ULF" (SGP-Siemens für Wien),

Erstmals Radantrieb ohne Getriebe: in der Fahrwerksschwinge hängender Radnabenantrieb der „Variobahn" (ABB 1993)

„Combino"-Triebfahrwerk mit mechanischer Radsatzkopplung in Längsrichtung und außenliegendem Antrieb

- ab 1999: Trog-/Hängerahmen-Laufdrehgestelle mit Losrädern (DWA bzw. Bombardier-Typ für Kassel, Essen, Schwerin, Dessau).

Im Bereich der Antriebstechnik ging die Entwicklung vom GTO-Direkt-Pulswechsel-Umrichter (Kiepe 1988) über den Bipolar-Transistor-Wechselrichter zum IGBT-Wechselrichter (Siemens 1993). Insulated Gate Bipolar Transistors als Leistungsschalter zeichnen sich durch einfache Ansteuerung und hohe Schaltgeschwindigkeit aus. Für Motoren und Getriebe, die früher standardmäßig im Drehgestell gelagert wurden, reduziert sich durch die Niederflurigkeit der Einbauraum. Folgende Lösungen wurden verwirklicht:

- am Drehgestellrahmen befestigte, voll abgefederte und besonders kompakte Motor-/Getriebeeinheiten in Drehstromantriebstechnik,
- am Wagenkasten angebrachte, voll abgefederte Drehstromantriebe (Adtranz-Typ GT4/6/8M/N für Berlin, Bremen, München etc.),
- unabgefederte Radnaben-Einzelradantriebe in Losrad-Fahrwerken (Adtranz-„Variobahn" und ihre Verwandten),
- längs im Fahrgestell aufgehängter, voll abgefederter Radpaarantrieb (Combino von Siemens-DUEWAG).

In den Innenraum hineinreichende Radkästen müssen möglichst klein ausgeführt werden, da sie die Gangbreite und Sitzabstände verringern und ggf. Podeste erforden. Der Ausschlag von Drehgestellen oder Fahrwerken muß zur Platzreduzierung eingeschränkt werden (z.B. Drehgestellwagen GT4/6/8M/N von Adtranz). Ein häufig gewählter Weg ist die Kombination von kurzen Modulen mit drehsteif verbundenen Fahrwerken und langen, frei aufgehängten Zwischenmodulen. Bei dieser Konfiguration machen sich die erwähnten Einschränkungen nur in den kurzen Fahrwerkmodulen bemerkbar (Adtranz-„Variobahn" für Chemnitz, Duisburg etc., LHB-Typ für Würzburg, DUEWAG-Typen für Mannheim/Ludwigshafen, Dresden; „Combino" von Siemens-DUEWAG für Augs-

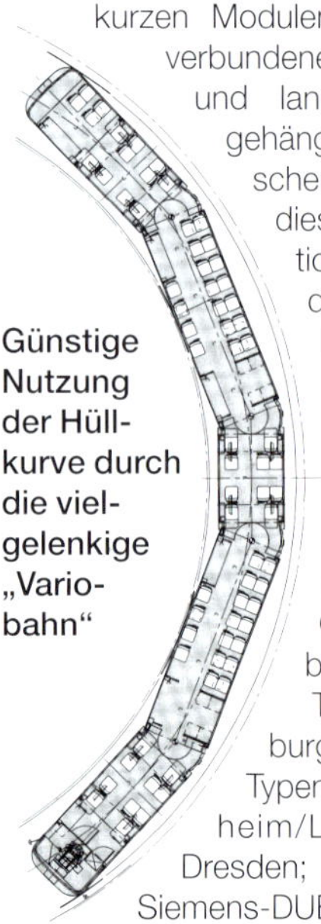

Günstige Nutzung der Hüllkurve durch die vielgelenkige „Variobahn"

burg, Freiburg/Br., Potsdam etc.). Dieser Fahrzeugtyp weist eine hohe Anzahl von Gelenken und extrem kurze Module zwischen den Gelenken auf. Dadurch wird die Hüllkurve wesentlich besser genutzt. Problemlos können größere Wagenbreiten realisiert werden. Doch sind die Nachteile der Abkehr vom Drehgestellprinzip und des Einsatzes neuer Antriebe in vielen Städten unübersehbar: höhere Geräuschentwicklung innerhalb bzw. außerhalb des Fahrzeuges, größerer Rad- und Schienenverschleiß, stärkere Übertragung von Schienenstößen, Schlingerneigung.

Vergleicht man die beiden bisher häufig bestellten Konzepte – „Multigelenkwagen" und „GT4/6/8M/N" –, so ergibt sich folgendes Ergebnis:

- „Multigelenkwagen": vorteilhaft aufgrund der Eignung für schwierige Gleisverhältnisse (geringe Bogenhalbmesser, S-Kurven) und der geringen Einschränkung des Fahrgastraumes, nachteilig aufgrund der zum starren Zweiacher hin zurückentwickelten Laufeigenschaften;
- GT4/6/8M/N: vorteilhaft aufgrund der einem frei drehenden Drehgestell vergleichbaren Laufeigenschaften, nachteilig aufgrund der Entgleisungsneigung bei schwieriger Gleisgeometrie.

Am radikalsten wurde das Unterflur-Raumproblem beim 100-Prozent-Niederflurwagen „ULF" (Ultra Low Floor Vehicle) von SGP gelöst, wovon die Wiener Straßenbahn 1995 zwei Prototypen und 1998 eine erste Serie erhielt. Das Fahrwerk wurde konsequent vom Fahrgastraum entkoppelt und in den Gelenkbereich verlegt. Damit ver-

Die radikalste Niederflurlösung: Der ULF von Siemens-SGP mit Fahrwerk im Gelenkportal, senkrecht aufgehängtem Motor und Kardanantrieb

schmälert sich lediglich im Gelenkbereich die Gangbreite; es sind keine Podeste oder Radkästen notwendig. Die Motoren sind mittels Schraubenfedern vollabgefedert aufrecht im Gelenkportal aufgehängt; sie treiben die weder elektrisch noch mechanisch miteinander verbundenen Losräder über Getriebe und Kardanwellen an. Bug- und Heckportal sind über Lenkstangen mit Winkelhebeln miteinander verbunden. Es ist lediglich auf eine betrieblich erforderliche, minimale Bodenfreiheit zu achten. Mit 180 mm Einstiegshöhe und 207 mm Fußbodenhöhe ist der ULF das Straßenbahnfahrzeug mit den weltweit niedrigsten Einstiegen – die vergleichbaren Durchschnittswerte in Deutschland liegen bei 300 bzw. 350 mm. Da SGP inzwischen zur Siemens Verkehrstechnik gehört, könnte der in Porsche-Design gestaltete ULF auch in Deutschland Eingang finden. Er ist allerdings relativ schwer (ca. 1,25 kg/m) und wesentlich teurer als die Konkurrenzmodelle.

Der Anschaffungspreis ist angesichts des internationalen Konkurrenzdruckes und schwindender öffentlicher Mittel für den ÖPNV eine immer entscheidendere Größe. 1994 erhielt mit Bombardier Eurorail, Brüssel, erstmals ein ausländischer Anbieter in Deutschland den Zuschlag (Kölner Mittelflurwagen K4000). Der in Kanada beheimatete Konzern (Bombardier Inc.) drängt mit extrem günstigen Angebotspreisen auf den deutschen Markt und hält inzwischen eine führende Position im Mittelflurbereich. 2000 gewann er mit dem K5000 die Ausschreibung für neue Kölner Hochflurfahrzeuge. Mit der inzwischen zur Verfügung stehenden DWA- und Vevey- sowie künftig auch Adtranz-Technologie wird er verstärkt in den Niederflurbereich vorstoßen.

Inzwischen haben alle Hersteller erkannt, daß an preiswerten, standardisierten Fahrzeugkonzepten kein Weg vorbeiführt. Angesichts begrenzter Beschaffungszahlen und geringer Kompatibilität der Ausrüstungsteile mit denen anderer Fertigungzweige ist es allerdings kaum möglich, eine „low cost tram“ auf dem Preisniveau eines Omnibusses zu produzieren. Möglichkeiten der Preissenkung sind:

- Senkung der Entwicklungskosten durch das Angebot kombinationsfähiger Modulsysteme und durch die Verlegung der vom Kunden erwünschten Individualität auf den Bereich des „Styling“,
- Fertigung großer Stückzahlen durch Konzentration auf wenige Grundtypen und Förderung von Gemeinschaftsbestellungen,
- weniger aufwendige Rohbauverfahren (z.B. Wegfall von Richt- und Spachtelarbeiten durch Sandwichbauweise und kalte Fügetechniken),
- Ausgliederung von Türen und Seitenwänden aus der tragenden Konstruktion (kostengünstige Variabilität für den Kunden),
- Standardisierung von Teilen und Baugruppen (z.B. Fahrwerke, Umrichter, Türen),
- Vereinheitlichung von Schnittstellen,

Der vierteilige „Combino"-Prototyp mit zwei Doppelfahrwerken und einem Einzelrad-Einzelfahrwerk (Siemens-DUEWAG 1996)

- Verminderung von Einbauorten durch Zentralisierung im Fahrzeug,
- Reduzierung der infolge Niederflurigkeit angestiegenen Zahl von Motoren und Bremsausrüstungen,
- dezentrale Fertigung von Komponenten an unterschiedlichen Konzernstandorten, wobei allerdings Zusatzaufwand bei der Qualitätssicherung entsteht (z.B. Bombardier/K4000: Untergestelle, Seiten-, Dach- und Kopfteile bei BWS Wien, Drehgestelle bei BN-Eurorail in Brügge, Zusammenbau inkl. elektr. Ausrüstung von Kiepe/Düsseldorf in Brügge),
- Optimierung der Montageabläufe durch parallele Herstellung vorkonfektionierter Komponenten und neue Fertigungsmethoden (z.B. „Combino": Einfügen zusammengeschraubter Seitenwände aus Aluminiumprofilen, Einkleben von Dächern),
- Optimale Abstimmung von M- und E-Teil durch Bildung von Systemkonzernen.

Auf dem globalisierten Bahnsektor herrscht heute ein gandenloser Wettbewerb. Zu viele Anbieter konkurrieren um zu wenige Aufträge. Traditionelle Standorte wie Nürnberg (Adtranz, vormals MAN) und Düsseldorf (Siemens, vormals DUEWAG) werden geschlossen. Schon in den neunziger Jahren war auf dem umkämpften Bahnsektor

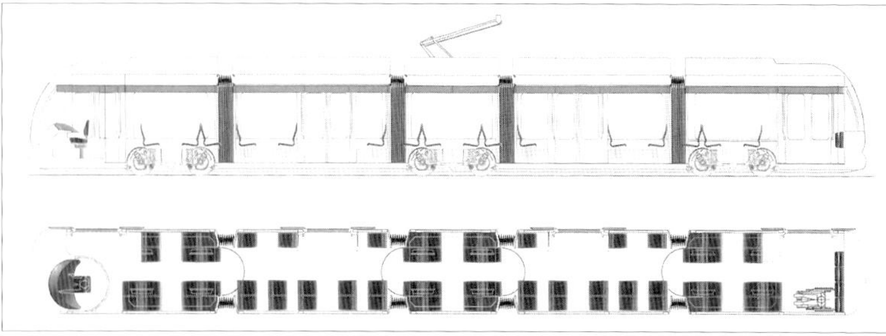

Das „Cityrunner"-Konzept von Bombardier (100 % Niederflur, Achsfahrwerke mit Losrädern, nun längsseitig angeordneter Achsantrieb)

ein rasanter Konzentrationsprozeß zu beobachten:

- DaimlerChrysler Rail Systems/Adtranz: die früheren Firmen ABB (ex Asea und BBC), AEG, LEW Hennigsdorf, MAN GHH, Schindler Waggonbau, Waggon-Union, Sorefame, Strömberg;
- Siemens Verkehrstechnik: DUEWAG, SGP, Matra, Integra;
- Schaltbau AG: Kiepe Elektrik, PFA, Pintsch, Brose;
- Bombardier Transportation: DWA (Waggonbau Bautzen, Waggonbau Görlitz, Niesky, Ammendorf), Talbot, Vevey, ANF, Elin;
- ALSTOM: ACEC Transport, LHB, De Dietrich, Ateinsa, MTM, Metcam, SEL.

Zur Jahresmitte 2000 machte der Verkauf von Adtranz an Bombardier Schlagzeilen. Der kanadische Konzern wird dadruch zum weltweit größten Hersteller von Straßen- und Stadtbahnwagen. Der Trend geht heute zum „Systemfahrzeug", d.h. ein Hersteller entwickelt und baut sowohl den wagenbaulichen als auch den elektrischen Teil und darüber hinaus bestimmte Untergruppen wie z.B. Türen und Getriebe, um Engineering und Inbetriebsetzungskosten einzusparen.

Die Typenvielfalt der 90er scheint zu Ende zu gehen. Im 100-%-Niederflurbereich verkauft Siemens mit großem Erfolg im In- und Ausland die Multigelenkstraßenbahn „Combino". Adtranz setzt auf den „Incentro" (standardisierte Wagenkastenmodule, drehsteif verbundene Fahrwerke, Losräder mit leichten Individualantrieben, daneben auch Version mit rotationsbegrenzten Drehgestellen entsprechend dem GT4/6/8M/N). ALSTOM vermarktet den „Citadis" (mit drehsteif verbundenen Losrad-Fahrwerken) und ist hiermit insbesondere in Frankreich erfolgreich. Bombardier bietet den „Cityrunner" an (Achsfahrwerke mit Losrädern, nun längsseitig angeordneter Achsantrieb). Für die Regionalstadtbahn wird Siemens 2001 den 28 bzw. 37 m langen

„Avanto“ vorstellen, während Bombardier den „S 1000“ im Programm hat.
Heute ist man bestrebt, nicht nur die Anschaffungs-, sondern die gesamten Lebenszykluskosten eines Fahrzeugs zu reduzieren. Anschaffung, Energieverbrauch und Unterhalt machen jeweils rund ein Drittel davon aus. Wege hierzu sind problemlose Inbetriebsetzung durch erprobte Technik und vorherige Erprobung auf firmeneigenen Teststrecken, Verwendung robuster und erprobter Ausrüstungsteile, Begleitservice und Coaching durch den Hersteller, verschleißfreie Komponenten, vereinfachte Wartung durch Diagnosesysteme, vereinfachter Austausch von Einzelkomponenten, vereinfachte Reparatur (z.B. GFK-Fronten), Leichtbau (Alu- und Sandwichbauweise), moderne Drehstromantriebstechnik.
Eine einheitliche Bauweise im wagenbaulichen Teil hat sich nicht durchgesetzt. Adtranz (Incentro) und ALSTOM (CITADIS) setzen auf Kompositfahrzeuge aus Stahl, Aluminium und Kunststoff. Alle Siemens-Typen (Combino, Avanto, CitySprinter) werden in Aluminium-Schraubbauweise erstellt. Bombardier stellt an dem von der DWA übernommenen Produktionsstandort konventionelle geschweißte Wagenkästen aus Nirostablechen her und liefert solche auch für andere Hersteller. In Wien und Brügge fertigt Bombardier genietete Stahl-/Nirosta-/Kunststoffahrzeuge. Im Bereich der elektrischen Ausrüstungen sind heute luft- oder wassergekühlte Drehstromasynchronmotoren und IGBT-Wechselrichter Standard.
Wurden in den neunziger Jahren Zweisystemfahrzeuge für Gleich- und Wechselspannung entwickelt, so spricht viel dafür, daß nun die Grenzen zwischen Diesel- und Elektroantrieb überbrückt werden. Heute können Dieselaggregate besonders klein, leicht und damit wirtschaftlich ausgeführt werden. Eine Alternative zum Dieselaggregat sind Energiespeichermedien wie z.B. Schwungmassenspeicher. Sie sind auch zur Ergänzung des Dieselantriebs denkbar. Insbesondere Mittel- und Hochflurfahrzeuge eignen sich für Hybridlösungen. Besonders innovativ zeigte sich der Trambetrieb Nordhausen, der gerne die Gleise der nicht elektrifizierten Harzquerbahn nutzen würde. Bereits 1995 wurde ein erster Versuch mit einem handelsüblichen Generator unternommen. Im Jahr 2000 erhielt ein Gelenktriebwagen Typ GT 4 aus dem Jahr 1959 zwei besonders klein dimensionierte Aggregate. In Köln entsteht 2001 auf der Basis eines B-Wagens ein Hybridfahrzeug mit zwei 300-kW-Dieselgeneratoren.
Das neue Jahrtausend wird auch eine Renaissance der Güterstraßenbahn erleben: Eine „CarGoTram“ wird ab 2001 der gläsernen Automobil-Manufaktur von Volkswagen in Dresden taktgenau Bauteile aus dem Logistikzentrum zuführen. Unter Verwendung aufgearbeiteter Tatra-Drehgestelle werden bei der Schalker Eisenhütte Maschinenfabrik Gelsenkirchen 59,4 m lange, fünfteilige Gütertriebwagen entstehen.

Zu diesem Buch

Die folgenden Wagenporträts stellen die im Jahr 1998 im Betrieb bzw. im Bau befindlichen Stadtbahn- und Mittel-/Niederflurwagen vor. Es handelt sich um Fahrzeuge, die seit 1968 bzw. 1990 erbaut wurden. Die Bezeichnungen Hoch-, Mittel- und Niederflur sind folgendermaßen definiert:

Fußbodenhöhe über Schienenoberkante	
● Hochflur	> 600 mm
● Mittelflur	400 - 600 mm
● Niederflur	< 400 mm

Konventionelle Straßenbahnwagen wurden in dem bereits erschienenen ersten Band behandelt. Während Niederflurwagen von hochflurigen Straßenbahnwagen recht einfach abzugrenzen sind, fällt die Unterscheidung zwischen Stadtbahn- und Straßenbahnwagen nicht leicht. Mitunter wird die Bezeichnung „Stadtbahnwagen" von den Herstellern oder Einsatzbetrieben lediglich euphemistisch verwendet, um die vermeintlich antiquierte Bezeichnung „Straßenbahnwagen" zu vermeiden. So werden Fahrzeuge von eindeutig konventioneller Bauart aus den sechziger und siebziger Jahre rückwirkend zu Stadtbahnwagen befördert, genauso wie man später die Hybridbezeichnung „Niederflurstadtbahnwagen" geprägt hat. Doch gibt es in der Tat besondere Kriterien für Stadtbahnwagen, die sie als besondere Fahrzeuggattung kennzeichnen:

- Einsatz auf unterirdischen bzw. abgeschirmten und/oder bevorrechtigten oberirdischen Strecken,
- besondere Türeinrichtungen für ausschließlichen oder teilweisen Betrieb an Hochbahnsteigen,
- Zweirichtungsbauweise,
- U-Bahn-ähnliche Innenausstattung,
- hohe Motorleistung, hohe Anfahrbeschleunigung und Bremsverzögerung,
- elektronische Fahr-/Bremssteuerung mit Einrichtung für Zugsteuerung.

Wenn die Mehrzahl dieser Merkmale zusammentrifft, haben wir es mit einem Stadtbahnwagen im eigentlichen Sinn zu tun. Sie wurden im Kapitel über die Stadtbahnwagen der siebziger und achtziger Jahre beschrieben. Die seit Ende der sechziger Jahre entwickelten „Stadtbahnwagen" der Typen B, M/N, U2/U3 und „Hannover 6000" verdienen zweifellos diese Bezeichnung und sind mit diesem Markenzeichen auch international bekannt geworden. Auch im Design unterscheiden sie sich deutlich von konventionellen Straßenbahnwagen.

Mit den Mittel-/Niederflurwagen der neunziger Jahre wurde hingegen eine Rückkehr zur konventionellen Straßenbahntechnik vollzogen; sie sind also streng genommen keine Stadtbahnwagen. Im einigen Fällen mag man sich über die jeweilige Einordnung eines bestimmten Fahrzeuges streiten. Der Kritiker mag sich damit trösten, das er „sein" Fahrzeug, wenn nicht in diesem Band, so im ersten Band finden wird.

Gegliedert ist dieses Buch nicht nach Betrieben, sondern nach Wagentypen.

Damit wird eine größere Übersichtlichkeit und Systematik erreicht. Herausgegriffen wird jeweils ein wichtiger Vertreter eines Wagentyps; auf gleichartige Fahrzeuge bei anderen Betrieben, Verkäufe oder dergleichen wird kurz hingewiesen. Aufgrund des beschränkten Platzes können Wagennummern nur in beschränktem Umfang und serienbezogen angegeben werden. Für Details sei auf die Monographien der jeweiligen Betriebe verwiesen.

Im ersten Kapitel werden die hochflurigen Stadtbahnwagen, gegliedert in Vierachser, Gelenktriebwagen (sechs-, acht- und zehnachsig) sowie Beiwagen (vierachsig) vorgestellt. Aufgrund der Fülle technischer Lösungen ist eine Systematisierung der Mittel-/Niederflurwagen nicht einfach. Die folgenden beiden Kapitel unterscheiden Fahrzeuge mit einem Mittel-/Niederfluranteil von unter und von über 50 Prozent. Untergliedert werden die Fahrzeugtypen beider Kapitel nach der Zahl der Achsen bzw. Radsätze (durchgehende Achsen sind heute nicht mehr die Regel).

Zeichenerklärung

Jedes Fahrzeugporträt teilt sich auf in

Entwicklungs- und Einsatzgeschichte,

Beschreibung des wagenbaulichen Teiles,

Beschreibung des elektrischen Toiles,

Technische Daten.

Zum besseren Verständnis der Texte sei auf folgendes hingewiesen: Die Angabe der Türanordnung (z.B. 2-2-1 = Doppeltür/Doppeltür/Einzeltür) ist von hinten nach vorne zu lesen. Der Begriff „dreireihig" bei den Sitzplätzen weist auf eine Anordnung 2+1 hin, wobei von der in Fahrtrichtung links angeordneten Doppelreihe als Regelfall ausgegangen wird. Entsprechend bedeutet „vierreihig" Sitze in 2+2-Anordnung.

Abschließend folgt eine tabellarische Zusammenstellung der wichtigsten technischen Daten, ebenfalls bezogen auf die Serie, nicht auf einzelne Außenseiter mit Variationen. Nach Möglichkeit werden die aktuellen Daten, nicht der Stand bei Auslieferung angegeben. Die Bezeichnung der Radsatzfolge folgt der üblichen Standardisierung:

A	ein von einem Motor angetriebener Radsatz
B	zwei von einem Motor angetriebene Radsätze
Bo	zwei von zwei Motoren angetriebene, aber in einem Rahmengestell liegende Radsätze
1	ein nicht angetriebener Radsatz
2	zwei nicht angetriebene Radsätze
'	Kennzeichnung eines beweglichen Radsatzes; Fahrwerkes oder Drehgestelles
+	zwischen den Radsätzen angeordnetes Gelenk

Unter „Länge" wird die Länge über Stirnfront, unter „Breite" die maximale Breite angegeben. Bei der Stundenleistung wird die zugrundeliegende Stromspannung ergänzt. Umbaujahre werden hinter den Baujahren in Klammer angegeben.

MAN, SLM: Zahnradtriebwagen ZT4

Für die Stuttgarter Zahnradstraßenbahn wurden 1982 drei neue, vierachsige Triebwagen geliefert, die sich äußerlich an den damals in Entwicklung befindlichen Stadtbahn-Prototypen DT8.1–8.3 (siehe S. 28) anlehnten.

Die meterspurige Zahnradbahn System Riggenbach verkehrt zwischen dem Marienplatz und dem 200 m höher gelegenen Vorort Degerloch. Im Unterschied zu den Straßenbahnstrecken wurde die Zahnradbahn bei der Modernisierung nicht auf Normalspur umgebaut. Die neuen Zweirichtungs-Vierachser mit den Nr. 1001–1003 sicherten das Überleben der beliebten Linie 10. Im Sommer werden mit großem Erfolg zweiachsige Vorstellwagen für den Transport von Fahrrädern eingesetzt.

Der Zahnradbahntriebwagen ist konzeptionell ein Stadtbahn-Halbtriebwagen mit zweitem Führerstand. Sein selbsttragender Wagenkasten ist aus Stahlblechen und Profilen zusammengeschweißt. Wie bei der Vorgängerserie wurden die Triebdrehgestelle von der Schweizerischen Lokomotiv- und Maschinenfabrik (SLM), Winterthur bezogen. Nur die jeweils talseitige Achse eines Drehgestelles wird zusammen mit dem Zahnrad angetrieben. Je zwei doppelflügelige Schwenkschiebetüren verschließen beide Wagenseiten. Der Innenraum ist entsprechend dem DT8 gestaltet. Die Fahrgäste sitzen auf gepolsterten, vierreihigen Abteilquersitzen. Die beiden Führerstände sind durch Trennwände mit Zwischentür vom Fahrgastraum abgeteilt. Zur Gewichtseinsparung wurden bis 1983 die Klimaanlage und Doppelglasfenster ausgebaut sowie 1993 leichtere Türen vorgesehen.

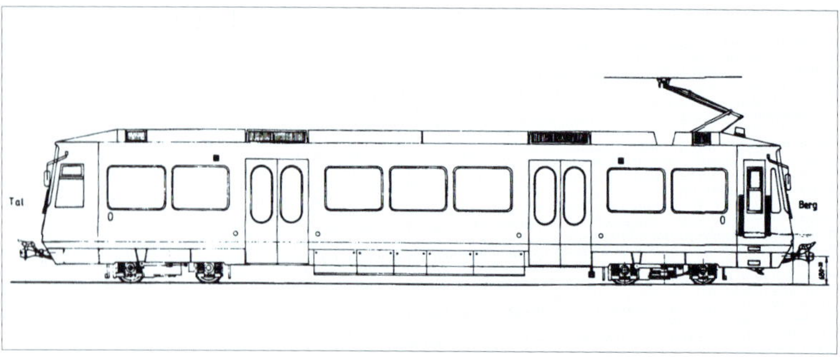

Ein AEG-Reihenschlußmotor treibt die jeweils talseitige Achse eines Drehgestelles bzw. das dazugehörige Zahnrad an. Die Höchstgeschwindigkeit beträgt 30 km/h; bei Überschreiten leitet die automatische Geschwindigkeitsüberwachung eine Zwangsbremsung ein. Jedem Motor ist ein eigener Gleichstromsteller zugeordnet. Die Fahrzeuge sind mit Scharfenbergkupplungen versehen und können in Doppeltraktion verkehren, die aber betrieblich nicht verwendet wird. Auf dem vorderen Wagenteil (Bergseite) ist ein Einholmstromabnehmer montiert. Neben der generatorischen Bremse (mit Energierückspeisung in die Fahrleitung) sind zwei voneinander unabhängige, druckluftbediente Federspeicherbremsen vorhanden: eine Klinkenbremse mit Rücklaufsicherung und eine Band-Klotzbremse. Die mechanische Bremse wird im unteren Geschwindigkeitsbereich automatisch zugeschaltet. Ab 1999 erhalten die Tw eine neue Zugsicherungs- und Antriebselektronik sowie ein neues Fahrgastinformationssystem.

Technische Daten

Radsatzfolge	(A'1')(A'1')
Länge	19,25 m
Breite	2,65 m
Radstand im Drehgestell	2,00 m
Drehgestellmittenabstand	12,68 m
Eigenmasse	33 (= 29) t
Sitzplätze	56
Stundenleistung	2 x 269 kW (750 V)
Baujahre	1982
Spurweite	1000 mm

DUEWAG: Doppeltriebwagen DT8.4–8.9

Die Stuttgarter Stadtbahn verwendet wegen der schwierigen topographischen Verhältnisse – hohe Steigungen, enge Bogenhalbmesser – allachsgetriebene, kurzgekuppelte Vierachser. Sie werden an Hoch- und Niedrigbahnsteigen eingesetzt.

Die Abmessungen des DT8 entsprechen weitgehend dem nicht ausgeführten Projekt „Stadtbahnwagen A" (Rhein-Ruhr), der mit seitlicher Stromschiene konzipiert war. Die Stuttgarter Stadtbahn verwendet hingegen eine Stromzuführung über Oberleitung. Nach Erprobung von drei Prototypen DT 8.1–8.3 (MAN 1982) erfolgte die Bestellung leichterer Serienfahrzeuge bei DUEWAG. Prof. Lindinger & Partner verpaßten dem Fahrzeug ein einheitliches Design (Kennfarben Gelb/Schwarz außen, Gelb/Grün/Violett innen).

Der Doppeltriebwagen besteht aus zwei baugleichen Einzelwagen, die über eine Mittelpufferkupplung verbunden sind. Der in Stahlleichtbauweise aus Walz-, Kant- und Hohlprofilen zusammengeschweißte Kasten bildet mit Beblechung und Untergestell eine selbsttragende Röhre. Die wiegenlosen Drehgestelle werden von je einem längsliegenden Motor angetrieben. Der mittels einer Kardanhohlwelle von den Radsätzen entkoppelte Antrieb mit Gummipaketkupplung reduziert den Oberbauverschleiß und optimiert die Haftwertausnutzung. Die Primärfederung erfolgt über Schraubenfedern mit Blattfederlenkern, die Sekundärfederung über kombinierte Gummi-/Luftfedern mit parallel dazu angeordneten Stoßdämpfern. Die Fußbodenhöhe beträgt 1000 mm; alle Geräte sind unterflurig angeordnet. Auf

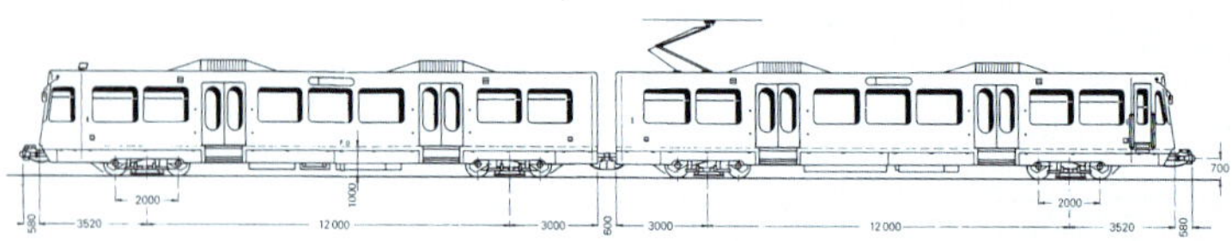

beiden Seiten eines Einzelwagens sind zwei elektropneumatisch angetriebene Doppelfalttüren von 1300 mm lichter Weite vorgesehen; jeweils vorne rechts findet sich eine Fahrertür. Die Serien S-DT 8.4 (Nr. 3007/3008-3085/3086), 8.5 (Nr. 3087/3088-3103/3104) und 8.7 (Nr. 3169/3170-3179/3180) sind mit druckluftbedienten Schwenktrittstufen, die Serien 8.6 (Nr. 3105/3106-3167/3168), 8.8 (Nr. 3181/3182-3201/3202) und 8.9 (Nr. 3203/3204-3233/3234) ausschließlich mit Hochflureinstiegen ausgestattet. Ähnlich einem U-Bahn-Wagen sind vierreihige Abteilquersitze vorgesehen. Die Führerstände sind durch eine verglaste Trennwand mit Mitteltür vom Innenraum abgetrennt.

Jedem Fahrmotor ist ein eigener Gleichstromsteller zugeordnet. Die Fahr- und Bremssteuerung regelt das Mikroprozessor-Steuersystem SIBAS-16 mit integriertem Gleit- und Schleuderschutz und automatischer Fehlerdiagnose. Bis zu drei Doppeltriebwagen können in Zugsteuerung verkehren. Ein Umrichter versorgt das Drehstrombordnetz. Das Fahrgastinformationseinrichtungen sind IBIS-gesteuert. Als Betriebsbremse dient die generatorische Bremse, als Anhalte- und Ergänzungsbremse die druckluftbediente Federspeicherbremse, als Notbremse die elektromagnetische Schienenbremse.

Technische Daten

Radsatzfolge	B'B' + B'B'
Länge	37,64 m
Breite	2,65 m
Radstand im Drehgestell	2,00 m
Drehgestellmittenabstand	12,00 m
Eigenmasse	55,2 t
Sitzplätze	110
Stundenleistung	4 x 222 kW (750 V)
Baujahre	1985-96
Spurweite	1435 mm

DUEWAG: Doppeltriebwagen DT8.10

Die zweite Generation des Stuttgarter Stadtbahnwagens weist eine Reihe von Neuerungen auf: begehbare Übergänge an den kurzgekuppelten Wagenenden, neugestaltete Frontpartien, wartungs- und verschleißarme Drehstromantriebe.

Im Jahr 1996 bestellten die Stuttgarter Straßenbahnen AG (SSB) 23 Doppeltriebwagen des weiterentwickelten Typs DT 8.10 (mit einer Option auf 27 weitere). Der Stückpreis liegt bei 4,8 Mio. DM. Sie wurden 1998/99 ausgeliefert und erhielten die Betriebsnummern 4001/4002-4045/4046. Ein Doppeltriebwagen faßt insgesamt 251 Personen (bei 4 Stehplätzen/m²). Zur Verminderung der Lebenszykluskosten (life cycle costs) wurde mit den Herstellern Adtranz und Siemens-DUEWAG ein neues Konzept vereinbart. So wurden die Fahrzeuge schon fahrfertig angeliefert. Das erste Fahrzeug hatte nach seinem Eintreffen bereits 2000 km zurückgelegt, jedes weitere Fahrzeug mindestens 50 km.

Die Wagenfronten sind geringfügig verlängert und neu gestaltet (schrägere Ausführung, unten abgesetztes Frontfenster). Der Knick in Fußbodenhöhe entfällt: Auch die Stirnseiten sind unten mit Schürzen verkleidet.

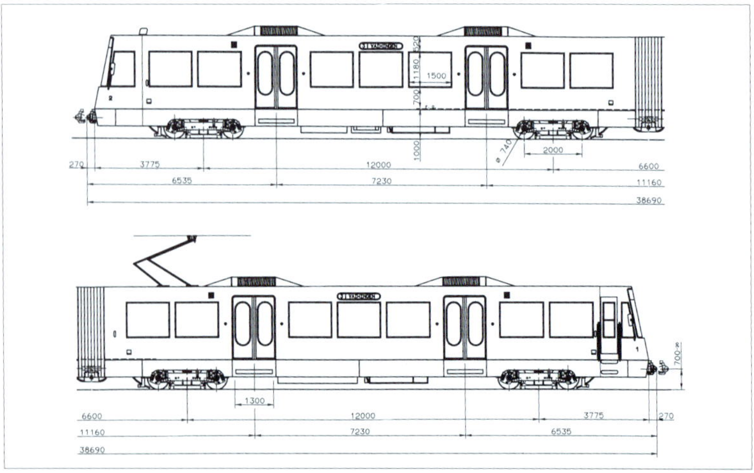

Die Mittelkupplung kann nun ein- bzw. ausgefahren werden. Zur Erhöhung des Sicherheitsgefühls werden zwischen den Einzelwagen faltenbalgverkleidete Übergänge geschaffen. Der Fahrerraum wird nun von einer Glaswand abgetrennt.

Die DT8.10 zeichnen sich durch moderne Drehstromantriebe in IGBT-Technik aus. Anstelle längsliegender Tandemantriebe werden pro Drehgestelle nun je zwei querliegende, luftgekühlte Drehstrom-Asynchronmotoren vorgesehen. Jedem Drehgestell ist ein eigener Traktionsumrichter zugeordnet. Als Antriebssteuerung wird die mikroprozessorgesteuerte SIBAS-32 in ihrer weiterentwickelten Form verwendet. Die Höchstgeschwindigkeit beträgt 80 km/h. Die generatorische Widerstandsbremse (mit Möglichkeit der Energierückspeisung ins Fahrleitungsnetz) dient als Betriebsbremse, die pneumatisch bediente Federspeicherbremse als Anhalte- und Ergänzungsbremse, die elektromagnetische Schienenbremse als Gefahrenbremse.

Technische Daten

Radsatzfolge	Bo'Bo' + Bo'Bo'
Länge über eingezogene Kupplung:	38,56 m
Breite	2,65 m
Radstand im Drehgestell	2,00 m
Drehgestellmittenabstand	12,00 m
Eigenmasse	56,00 t
Sitzplätze	108
Stundenleistung	8 x 140 kW (750 V)
Baujahre	1997-99
Spurweite	1435 mm

DÜWAG, Wegmann: Jakobsgelenktriebwagen U2

Für die im Untergrund nach U-Bahn-Standard trassierte Frankfurter Stadtbahn, wurde ein sechsachsiger Stadtbahnwagen entwickelt. Mit seiner Wagenbreite von 2,65 m kann er auch auf Straßenbahnstrecken gemäß BOStrab eingesetzt werden.

Die Stadtbahnwagen des Typs U2 erhielten als Verbesserung gegenüber dem Prototyp U1 vergrößerte Fahrerkabinen und neugestaltete, zweifenstrige Fronten. Auf Klapptrittstufen wurde verzichtet. Die Tw 303-332 und 400-406 wurden von der DÜWAG gefertigt, die Tw 333-399 von DÜWAG und Wegmann. Der Typ U2 wurde auch von nordamerikanischen Stadtbahnen bestellt.

Der Wagenkasten des Zweirichtungsfahrzeuges ist in geschweißter Stahlleichtbauweise gefertigt. Dach und Seitenwandgerippe aus verschweißten Walz- und Kantprofilen bilden zusammen mit Beblechung und Untergestell eine selbsttragende Röhre. Die Wagenköpfe wurden in GFK-Sandwichbauweise gefertigt, um das Gewicht zu senken und Unfallschäden schnell beheben zu können. An den Wagenenden sind Triebdrehgestelle in geschweißter Hohlträgerkonstruktion vorgesehen; unter dem Mittelgelenk befindet sich ein Jakobslaufdrehgestell. Pro Wagenseite sind vier elektromechanisch angetriebene DÜWAG-Falttüren von 1300 mm lichter Weite eingebaut. Die Fußbodenhöhe beträgt 970 mm; die Fahrzeuge sind für den Betrieb an 870 mm hohen Bahnsteigen ausgelegt. Wegen der nur 320 mm hohen Bahnsteige zwischen Zeilweg und Hohemark wurden alle U2-Wagen mit zwei festen Trittstufen (680/290 mm) ausgestattet. Bei den Triebwagen 366-399 wurden die Trittstufen für den Einsatz auf der mit Hochbahnsteigen versehenen Linie U7 ausgebaut (= Typ U2e). Bei

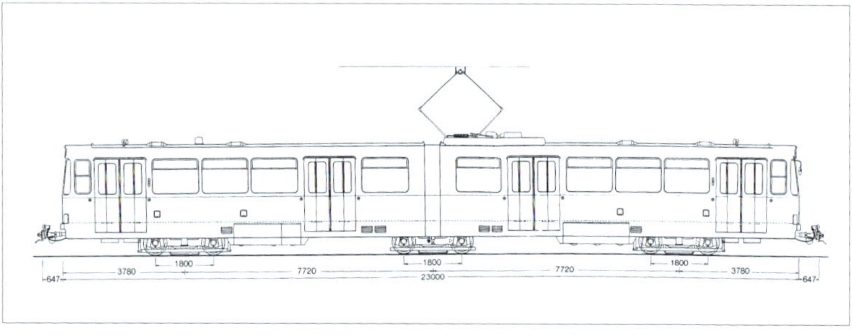

den restlichen Tw entfällt zunächst eine Trittstufe (= Typ U2h), da inzwischen auch 800 mm hohe Bahnsteige verwendet werden. Später sollen auch sie in U2e-Tw umgebaut werden. Der Innenraum einschließlich des Gelenkbereiches ist mit GFK verkleidet. Die gepolsterten Quersitze mit Kunstlederbezügen sind in Abteilform angeordnet. Zwischenwände mit Durchgangstür trennen die Fahrerkabinen ab.

Pro Triebdrehgestell treibt ein längsliegender AEG-Reihenschlußmotor beide Achsen an. Auf dem A-Teil ist in Gelenknähe ein Scheren- bzw. Einholmstromabnehmer montiert. Neben der generatorischen Bremse sind pro Triebdrehgestell eine Federspeicher-Scheibenbremse sowie an allen Achsen Magnetschienenbremsen vorhanden. Eine halbautomatische, elektronische SIMATIC-Steuerung von Siemens regelt Fahren und Bremsen und ermöglicht die Zugsteuerung von bis zu vier U2-Wagen. Das elektromotorisch angetriebene Schaltwerk mit Doppelnockenschaltern bietet 20 Fahr- und 17 Bremsstufen. Die Höchstgeschwindigkeit beträgt 80 km/h. Zur Stromersparnis werden die U2-Triebwagen nun nachträglich mit elektronischen SIBAS-Fahr-/Bremssteuerungen ausgerüstet.

Technische Daten*

Radsatzfolge	B'2'B'
Länge	23,00 m
Breite	2,65 m
Radstand im Drehgestell	1,80 m
Drehgestellmittenabstand	7,72 m
Eigenmasse	29,5 t
Sitzplätze	64
Motorleistung	2 x 150 kW (600 V=)
Baujahre	1968, 70/71,75/76, 77/78, 84/85*)
Spurweite	1435 mm

*) Reihenf.: 303-332, 333-347, 348-367, 368-399, 400-406

DÜWAG: Jakobsgelenktriebwagen B100S

Der luftgefederte, 2,65 m breite und stark motorisierte Stadtbahnwagen B verwirklicht auf ausgebauten Stadtbahnstrecken einen U-Bahn-ähnlichen Komfort und kann gleichzeitig auf geeigneten herkömmlichen Streckenabschnitten im Straßenplanum verkehren.

Der sechsachsige B-Wagen war für die Stadtbahn Rhein-Sieg entwickelt worden, während die Stadtbahn Rhein-Ruhr mit vierachsigen Doppeltriebwagen des Typs A mit Stromabnahme über seitliche Stromschiene betrieben werden sollte. Schließlich wurde auch letzteres System im Oberleitungsbetrieb erstellt und mit B-Wagen nach Köln/Bonner Vorbild betrieben.

Die Wagenbreite von 2,65 m nutzt den gemäß BOStrab max. zulässigen Wert und nähert sich U-Bahn-Standard an (2,90 m). Der Wagenkasten des Zweirichtungswagens ist in geschweißter Stahlleichtbauweise erstellt. Seitenwände, Dach und Vorbaugerippe bilden zusammen mit dem Untergestell eine tragende Röhre. Die Frontscheibe ist vertikal gekrümmt. Die Drehgestelle sind in geschweißter Hohlträgerbauweise konstruiert und besonders leicht ausgeführt. Im Unterschied zu Straßenbahndrehgestellen weisen sie einen höheren Achsabstand und eine Sekundärfederung über Luftfederbälge mit parallelen Flüssigkeitsschwingungsdämpfern auf. Die Primärfederung erfolgt über Megi-Achsfedern. Auf den Einbau gummigefederter Radsätze konnte verzichtet werden. Trotz des Drehgestellmittenabstandes von 10,0 m wird ein minimaler Kurvenradius von 25 m ermöglicht. Die elektropneumatisch angetriebenen Schwenkschiebetüren (mit Klapptrittstufen für konventionelle Haltestellen) in Anordnung 1-2-2-2-2-1 weisen eine lichte Weite von 690 bzw. 1300 mm auf. Die Fußbodenhöhe beträgt 1000 mm (Trittstufenhöhe 400/300/300 mm). Die gepolsterten Sitze mit Armlehnen sind überwiegend vierreihig in Abteilform angeordnet. An den Wagenenden finden sich Ein-

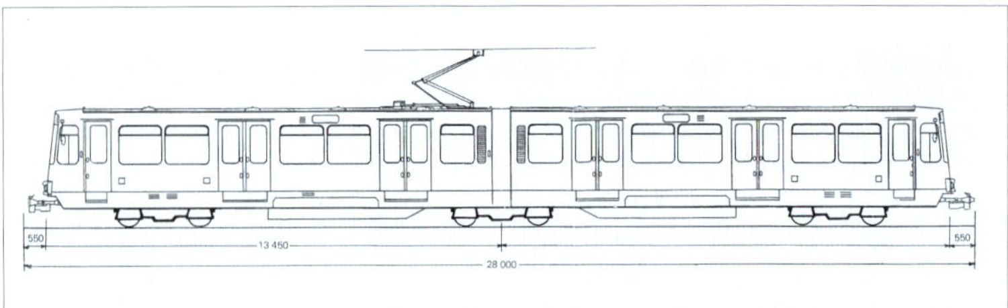

zelsitze, im Gelenkbereich Längsbänke. Der Innenraum einschließlich des Mittelgelenks ist mit GFK verkleidet.

Die beiden äußeren Drehgestelle werden von je einem längsliegenden Motor angetrieben (DÜWAG-Tandemantrieb). Die hohe Motorisierung ermöglicht eine Anfahrbeschleunigung von 1,1 m/s^2 und eine Betriebsbremsverzögerung von 1,3 m/s^2. Eine elektromagnetische Siemens-Schützensteuerung übernimmt die Fahr-/Bremssteuerung. Bis zu vier B-Wagen können in Zugsteuerung verkehren. Auf den Köln/Bonner Überlandstrecken sind die B100S-Wagen mit 100 km/h unterwegs. Die auf 80 km/h begrenzten B80S-Wagen werden auf innerstädtischen Linien eingesetzt. Auf dem A-Teil ist ein Einholmstromabnehmer in Gelenknähe angeordnet. Die Fahrzeuge können auf Stromschienenbetrieb umgestellt werden. Neben der generatorischen Bremse sind Federspeicher-Scheibenbremsen sowie elektromagnetische Schienenbremsen eingebaut.

Technische Daten*

Radsatzfolge	B'2'B'
Länge	26,90 m
Breite	2,65 m
Radstand im Drehgestell	2,10 m
Drehgestellmittenabstand	10,00 m
Eigenmasse	39 t*)
Sitzplätze	72*)
Stundenleistung	2 x 235 kW (750 V)*)
Baujahre	1973, 76-78
Spurweite	1435 mm

*) Kölner Typ B100S (Bj. 76-78), Nr. 2003-2029, 2050-2099

Übersicht B-Wagen

Betrieb	Nummern	Typ	Hersteller	Baujahr	Türen	Bemerkungen
Bochum-Gelsenkirchen	6001-6013	B80D	DUEWAG	1988/89	AST	ES, H, VF
	6014-6025	B80D	DUEWAG	1992/93	AST	ES, H, VF
Bonn (Stadtwerke)	7351	B100S	DÜWAG	1973	SST	
	7451-7467	B100S	DÜWAG	1974/75	SST	
	7651-7654	B100S	DÜWAG	1976	SST	
	7751-7760	B100S	DÜWAG	1977/78	SST	
	8451-8456	B100S	DUEWAG	1984	SST	ES
	9351-9364	B100T	DUEWAG, DWA	1992/93	SST	ES
Bonn (Siegburger und Siebengebirgs-bahn)	7571-7578	B100S	DÜWAG	1975	SST	
	8371-8378	B100S	DUEWAG	1983	SST	
	8471	B100S	DUEWAG	1984	SST	ES
	9371-9376	B100T	DUEWAG, DWA	1993	SST	ES
Dortmund	301-310	B80C	DUEWAG	1986	AST	ES, VF
	311-324	B80C	DUEWAG	1990	AST	ES, VF
	325-354	B80C	DUEWAG	1992-94	AST	ES, VF; 1995-96/98: 343-354 Mittelteile eingebaut (=B80C/8)
Duisburg	4701-4714	B80C	DUEWAG	1983/84	FT	ES, VF
	4715-4718	B80C	DUEWAG	1984/85	FT	ES, VF, Speiseabteil
Düsseldorf	4001-4012	B80D	DÜWAG	1981	FT	ES
	4101-4104	B80D	DUEWAG	1988	FT	ES, Speiseabteil
	4201-4269	B80D	DUEWAG	1985-88	FT	ES, Alu-Kasten
	4270-4288	B80D	DUEWAG	1992/93	FT	ES, Alu-Kasten
Essen	5001-5003 (= 5101''-5103'')	B100S	DÜWAG	1976	SST	1980 = B80C
	5004-5008 (= 5104-5108)	B100S	DÜWAG	1976	SST	1980 = B80C
	5009-5011 (= 5101-5103 = 5109-5111)	B100S	DÜWAG	1976	SST	1980 = B80C

Betrieb	Nummern	Typ	Hersteller	Baujahr	Türen	Bemerkungen
	5021-5028 (= 5121-5126, 5128, 5127)	B100S	DÜWAG	1978	FT	1980 = B80C; 5027 bis 1988 in Düsseldorf
	5141-5145	B80C	DUEWAG	1985/86	FT	ES, VF
Köln	2001-2002	B100S	DÜWAG	1973	SST	Prototypen; 2001 ausgemustert
	2003-2029	B100S	DÜWAG	1976	SST	
	2030-2049	B80S	DÜWAG	1977	SST	
	2050-2054	B100S	DÜWAG	1978	SST	
	2095-2099	B100S	DÜWAG	1977	SST	1992 ex KBE 2095-2099
	2101-2122	B100S	DUEWAG	1984/85	SST	ES, VF
	2192-2199	B100S	DUEWAG	1985	SST	ES, VF, 1992 ex KBE 2192-2199
	2201-2202	B80D	DUEWAG	1987	AST	ES, 1 Führerstand
	2203-2240	B80D	DUEWAG	1989-92	AST	ES, 1 Führerst.
	2251-2252	B80D	Waggon-Union	1988	AST	ES, 1 Führerst.
	2253-2260	B80D	Waggon-Union	1989	AST	ES, 1 Führerst.
	2301-2333	B80D	DUEWAG	1995/96	AST	ES
Mülheim/Ruhr	5012-5016	B100S	DÜWAG	1976	SST	
	5031-5032	B80S	DUEWAG	1985	SST	ES, VF; 1987 ex 5131-5132

Teilweise werden N4M Schaltwerke durch Gleichstromsteller-Steuerungen ersetzt.

B Typenbezeichnung (nur Normalspur)
C Choppersteuerung (Gleichstromstellersteuerung)
S Schützensteuerung
T Thyristorsteuerung
D Drehstromantrieb
80 Höchstgeschwindigkeit 80 km/h
100 Höchstgeschwindigkeit 100 km/h

AST Außenschwenktüren
ES Einteilige Stirnscheibe
FT Falttüren
H Nur an Hochbahnsteigen einsetzbar
SST Schwenkschiebetüren
VF Vergrößerte Fahrerkabine

Türanordnung unterschiedlich (in der Regel ab 1984: 0-2-2/2-2-0 statt 1-2-2/2-2-1)

DÜWAG: Jakobsgelenktriebwagen M6

Der Typ M wurde für den meterspurigen Vorlaufbetrieb der normalspurigen „Stadtbahn Ruhr“ sowie zur Komfort- und Leistungssteigerung auf verbleibenden Tramlinien entwickelt. Er wurde als Sechsachser M6 und als Achtachser M8 sowie als Normalspurvariante (N6/N8) angeboten.

1974 entschlossen sich die Verkehrsbetriebe Bochum-Gelsenkirchen, Essen und Mülheim/Ruhr zur gemeinsamen Bestellung und Entwicklung eines neuen Fahrzeugtyps. Hauptmerkmale des Typs M sind die Konzeption als Zweirichtungswagen, die gesteigerte Beschleunigung, das funktionsbetonte Außendesign und der gehobene Innenraumkomfort. Bochum-Gelsenkirchen bestellte die meisten Fahrzeuge der kleinen sechsachsigen Ausführung; verbreiteter ist der achtachsige M8-Wagen (siehe S. 60). Die Ausmusterung begann im Jahr 2000.

Der Wagenkasten ist in geschweißter Stahlbauweise gefertigt. Auffälligste Veränderung gegenüber dem klassischen DÜWAG-Wagen ist die kantige Front mit bis an die Dachkante hochgezogener, einteiliger Stirnscheibe und eckigen, seitlich angeordneten Doppelscheinwerfern. Liniennummer und Fahrziel werden nun hinter der Frontscheibe angezeigt. Die Dachwiderstände werden von den Dachvouten verdeckt. Höhere und breitere Seitenfenster mit getöntem Sicherheitshartglas kamen zum Einbau. Die Türanordnung beträgt 1-2-2-2. Zur Masseneinsparung sind die DÜWAG-Falttüren aus GFK statt aus Stahl bzw. Aluminium hergestellt. Die vierte, elektromechanisch angetriebene Schwenkstufe erleichtert den Zugang vom Straßenplanum. Im Innenraum sind dreireihige Abteilquersitze mit

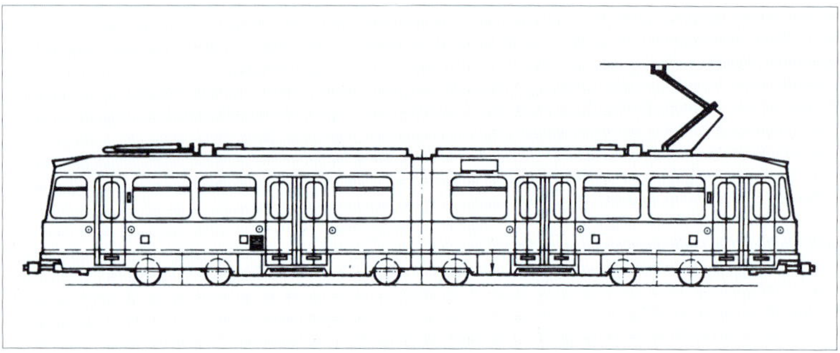

Kunstlederbezügen vorgesehen; einzelne Sitze in Gelenknähe sind als Klappsitze ausgeführt. Infolge der Zweirichtungsbauart und der großzügigen Sitzabstände ist das Platzangebot geringer als beim klassischen Sechsachser (36 Sitzplätze gegenüber 40-45). Die Fahrerkabinen sind abgeschlossen; der Fahrscheinverkauf findet durch das Fahrertürfenster statt. Weiterentwickelte DÜWAG-Drehgestelle mit Gummirollfederung und Megi-Achsfedern kamen zum Einbau.

Bis 1977 wurden die M-Wagen mit elektromagnetischen Siemens-Schützensteuerungen ausgerüstet (Bochum-Gelsenkrichen: M6S, Nr. 301-333, Bj. 1976/77). Sie weisen 25 Fahr- und 21 Bremsstufen auf. Ab 1978 ging man zu wartungsärmeren Choppersteuerungen (Gleichstromsteller) mit der Möglichkeit der Energierückspeisung über (Bochum-Gelsenkirchen: M6C, Nr. 334-355, Bj. 1981/82). Tw 355 ist mit Gate-Turn-Off(GTO)-Choppern ausgerüstet. Bei allen Bochumer M-Wagen wurde der zweite Einholmstromabnehmer auf dem B-Teil entfernt. Als Betriebsbremse dient die generatorische Bremse, als Anhalte- und Feststellbremse die zweistufige Federspeicherbremse, als Notbremse die elektromagnetische Schienenbremse.

Technische Daten*

Radsatzfolge	B'2'B'
Länge	19,68 m
Breite	2,30 m
Radstand im Drehgestell	1,80 m
Drehgestellmittenabstand	6,20 m
Eigenmasse	27,8 t*)
Sitzplätze	36
Stundenleistung	2 x 185 kW (750 V)
Baujahre	1976-82
Spurweite	1000 mm

*) BOGESTRA-Serie 301-333

DÜWAG, Wegmann: Jakobsgelenktriebwagen U3

Für die ausschließlich im Tunnel verlaufende Stadtbahnlinie U4 zwischen Frankfurt/Hbf. und Seckbacher Landstraße wurde eine überarbeitete Version des Zweirichtungstyps U2 ohne Trittstufen bestellt. Äußerlich fällt er durch die einteilige Stirnscheibe auf.

Die U3-Wagen mit den Nr. 451-477 wurden wiederum von DÜWAG und Wegmann gefertigt. Sowohl konstruktiv wie äußerlich unterscheiden sie sich beträchtlich vom Vorläufertyp U2 (siehe S. 32).

Die Wagenlänge wurde von 23,00 m auf 24,49 m verlängert. Dadurch konnten die Sitzteiler von 1510 mm auf 1650 mm vergrößert werden. Die Wagenköpfe sind nicht mehr aus GFK, sondern aus Stahl hergestellt, da die Linie U4 keine unfallträchtigen Kreuzungen mit dem Individualverkehr aufweist. Die zweigeteilte Stirnscheibe wurde durch eine einteilige ersetzt, die in den Dachbereich hochgezogen wurde. Anstelle der separaten Nummern-/Zielkästen ist die Rollbandbeschilderung nun hinter der Stirnscheibe angebracht. Der Wegfall von Trittstufen und Trittkästen ermöglichte es, die erste bzw. letzte Doppeltür zur Fahrzeugmitte und entsprechend die erste Sitzgruppe zu den Wagenenden hin zu verlegen. Dadurch wird die Fahrgastverteilung verbessert. Außerdem wurden die beiden Triebdrehgestelle zu den Wagenenden gerückt, wodurch sich die Laufeigenschaften verbessern. Der Radsatzabstand in den Trieb- und Laufdrehgestellen wurde von 1,80 auf 1,90 m erweitert. Diese Maßnahme steigert ebenfalls die Laufgüte und schafft günstigere Bedingungen für den Einbau von Fahrmotor, Getriebe und Bremsen.

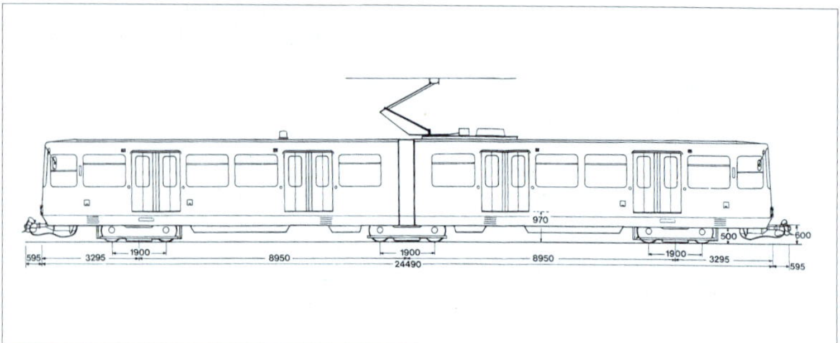

Die elektronische SIMATIC-Schaltwerksteuerung wurde durch eine verlustarme Thyristor-Gleichstromstellersteuerung von Siemens ersetzt, die eine Rückspeisung von Bremsenergie ins Fahrleitungsnetz ermöglicht. Pro Fahrmotor ist ein luftgekühlter AEG-Telefunken-Gleichstromsteller und ein Umschalter vorhanden. Der größte Teil der Schaltgeräte ist auf beiden Wagenseiten in Gerätewannen bzw. unter dem Wagenboden angebracht. Unverändert übernommen wurden die bewährten, längsliegenden AEG-Reihenschlußmotoren, die über zwei Getriebe beide Achsen in einem Drehgestell antreiben (DÜWAG-Tandemantrieb). Die Motorleistung wurde von 2 x 150 auf 2 x 174 kW gesteigert. Die Widerstands-/Nutzbremse wird von einer zweistufigen Federspeicher-Scheibenbremse als Anhalte- und Ersatzbremse ergänzt. Das Laufdrehgestell wird über Solenoid mitgebremst. Als Zusatzbremse sind Magnetschienenbremsen eingebaut.

Technische Daten

Radsatzfolge	B'2'B'
Länge	24,49 m
Breite	2,65 m
Radstand im Drehgestell	1,90 m
Drehgestellmittenabstand	8,95 m
Eigenmasse	36,0 t
Sitzplätze	64
Stundenleistung	2 x 174 kW (600 V)
Baujahre	1979/80
Spurweite	1435 mm

Waggon-Union: Jakobsgelenktriebwagen GT6-80C

Der Karlsruher Stadtbahnwagen für Einrichtungsbetrieb ist vom Zweirichtungs-Stadtbahnwagen Typ B abgeleitet (vgl. S. 34). Er unterscheidet sich durch die asymmetrischen Wagenenden, die knicklose Frontscheibe und die veränderte Tür- und Fensteranordnung.

Die Sechsachser 501-520 wurden für die von Bad Herrenalb durch die Innenstadt nach Neureut verlängerte Linie A beschafft. Im Außenbereich verkehren die Fahrzeuge gemäß Eisenbahn-Bau- und Betriebsordnung (EBO). Sie wurden von der Waggen-Union gefertigt und gehören den Verkehrsbetrieben Karlsruhe (VBK) und der Albtalbahn-Verkehrsges. (AVG). Ihr Einsatzgebiet sind heute die Stadtbahnlinien S1/11 (ex A) und S2.

Der selbsttragende Wagenkasten ist als Stahlleichtbaukonstruktion ausgeführt. Seitenwände, Dach- und Vorbaugerippe bilden zusammen mit der Beblechung und dem Untergestell eine selbsttragende Röhre. Der gesamte Rohbau wurde mit einer schallschluckenden Beschichtung versehen. Infolge der asymmetrischen Ausführung liegen alle Türen in der Geraden. Abnehmbare Wagenschürzen erleichtern die Wartung von Gerätekästen und Drehgestellen. Letztere verfügen über einen H-förmigen, verwindungsweichen Rahmen. Der Wiegenträger ist als geschweißter Hohlträger mit eingebauten Lufträumen ausgeführt. Die Radsätze werden verschleißfrei über Federblatt-Radsatzlenker geführt. Die Primärfederung erfolgt über Gummischeibenfedern, die Sekundärfederung über Luftfedern mit hydraulischen Stoßdämpfern. Vier elektropneumatisch bediente Außenschwenkschiebetüren verschließen die rechte

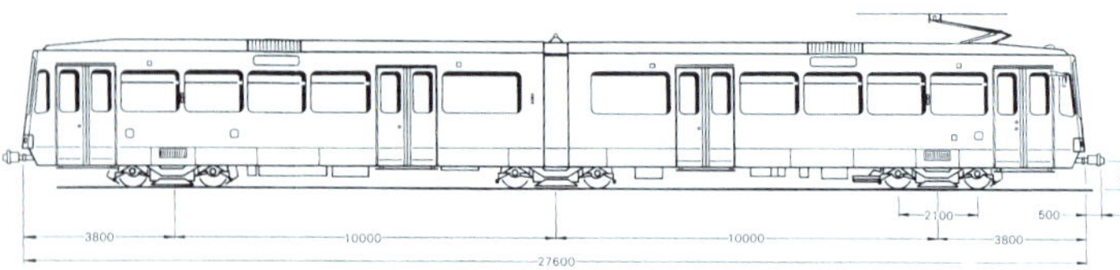

Wagenseite; im Unterschied zum Typ B wurden an den Wagenenden Doppeltüren vorgesehen. Eine vierte, elektropneumatisch ausgefahrene Schwenktrittstufe erleichtert den Zustieg (370/210/210/210 mm). Die vierreihige Sitze mit Wollplüschbezügen sind überwiegend in Abteilform angeordnet und mit Griffen, Armlehnen und Fenstertischen ausgestattet. Der klimatisierte Führerstand ist vom Fahrgastraum abgetrennt; über ein großes Fenster mit integriertem Zahltisch erfolgt der Fahrscheinverkauf. Am Heck wurde ein Hilfsführerstand vorgesehen. An Front und Bug sowie seitlich (außen und innen) sind Rollbandanlagen eingebaut.

BBC zeichnete für die E-Ausrüstung verantwortlich. Die zwei getrennten Antriebseinheiten umfassen jeweils einen Gleichstromsteller, einen Fahrmotor und ein Wagensteuergerät. Bis zu drei Triebwagen können in Zugsteuerung verkehren. Je ein längsliegender BBC-Motor mit beidseitig verschraubten Achsgetrieben und Paketkupplungen ist in den beiden Triebdrehgestellen vorne und hinten eingebaut. Die generatorische Bremse dient als Betriebsbremse, die pneumatisch bediente Federspeicher-Scheibenbremse als Anhalte- und Feststellbremse, die elektromagnetische Schienenbremse als Notbremse.

Technische Daten*

Radsatzfolge	B'2'B' *)
Länge	27,60 m
Breite	2,65 m
Radstand im Drehgestell	2,10 m
Drehgestellmittenabstand	10,00 m
Eigenmasse	42,0 t
Sitzplätze	93
Stundenleistung	2 x 235 kW (750 V)*)
Baujahre	1983/84
Spurweite	1435 mm

*) 2 x 280 kW (Tw 520)

LHB: Jakobsgelenktriebwagen P86

1986 lieferte LHB elf Gelenkwagen an das neue Stadtbahnsystem „Docklands Light Railway“ im Osten Londons, das im automatischen Betrieb ohne Fahrer verkehrt und den Strom über eine seitliche Schiene abnimmt. 1990/91 kaufte die Essener Verkehrs AG (EVAG) die Serie.

Die erste Docklands-Serie 01-11 des Typs P86 wurde außer Dienst gestellt, da sie weder im Tunnel noch in Zugsteuerung verkehren konnte. Die EVAG griff zu und sparte dadurch die doppelt so teure Nachbestellung einer Kleinserie von elf B-Wagen, denen die Zweirichtungswagen konstruktiv entsprechen. Per Schiff wurden die Fahrzeuge über den Kanal gebracht. Nach entsprechenden Anpassungsarbeiten wurden sie von 1991-95 unter den Nr. 5201-5211 in Betrieb gesetzt. Der Anstrich in den britischen Nationalfarben Blau/Weiß/Rot blieb erhalten. - Im Jahr 2000 wurde die ähnliche Serie P89 unter den Nr. 5221-5230 zugelassen. Sie unterscheiden sich durch abweichende Türen und E-Ausrüstung.

Der Wagenkasten ist in Stahlleichtbauweise ausgeführt. Die abgeschrägten Fahrzeugenden sind als Knautschzonen ausgeführt. Vorne und hinten sind Triebdrehgestelle vorgesehen; ihr Rahmen ist eine mit Doppelquerträgern zusammengeschweißte Hohlträgerkonstruktion in H-Form. Das mittlere Laufdrehgestell trägt beide Wagenkästen über einen Doppelrollendrehkranz; die Anbauteile sind weitgehend baugleich mit denen des Triebdrehgestelles ausgeführt. Gummirollfedern übernehmen die Primärfederung und Radsatzanlenkung, Luftfedern und Gummischichtzusatzfedern die Sekundärfederung. Das lastabhängige Luftfedersystem sorgt für eine niveaugleiche Höhenregulierung zwischen

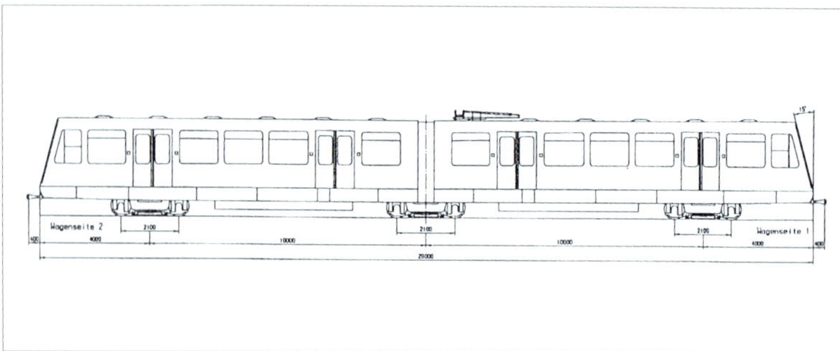

Bahnsteig- und Fußbodenhöhe. Die P86-Wagen verfügen über keine Trittstufen und können nur an Hochbahnsteigen eingesetzt werden. Vier Innenschwing-Doppeltüren von 1300 mm lichter Weite ermöglichen einen schnellen Fahrgastwechsel. Innen finden sich vierreihige Abteilquersitze, zwischen zweiter und dritter Tür Längssitze.

Die E-Ausrüstung des Typs P86 wurde von GEC, Manchester, geliefert und in Salzgitter bei Siemens montiert. In den beiden Triebdrehgestellen treibt jeweils ein längsliegender Motor über zwei Winkelgetriebe und Gummi-Gelenk-Kardankupplungen beide Radsätze an. Die Fahrzeuge sind mit einer GTO-Gleichstromstellersteuerung ausgerüstet. Neben der generatorischen Bremse ist eine pneumatisch bediente Federspeicher-Scheibenbremse in den Triebdrehgestellen vorhanden. Die EVAG nahm folgende Veränderungen vor: Einbau von dem B-Wagen angepaßten Führerständen, Anpassung der Fahr-/Bremssteuerung und Zugsicherungsanlage, Einrichtung für Zugsteuerung, Einbau eines Einholmstromabnehmers, Nachrüsten der Drehgestelle mit Sandstreuanlage und Magnetschienenbremsen, Ausstattung mit Türautomatik und Entwertern. Nur typenreine Züge werden gefahren.

Technische Daten*

Radsatzfolge	B'2'B'
Länge	28,00 m
Breite	2,65 m
Radstand im Drehgestell	2,10 m
Drehgestellmittenabstand	10,00 m
Eigenmasse	40,0 t
Sitzplätze	70
Stundenleistung	2 x 235 (750 V)
Baujahre	1986
Spurweite	1435 mm

*) P86 Triebwagen

DUEWAG, Waggon-Union: Jakobsgelenktriebwagen B80D

Der dem U-Bahn-Standard angenäherte Stadtbahnwagen B (siehe S. 34) wurde in der zweiten Hälfte der achtziger Jahre in wesentlichen Teilen überarbeitet. Bei einer Kölner Serie von 60 Fahrzeugen wurde pro Triebwagen ein Führerstand eingespart.

Da auf diversen Kölner Linien zwei B-Wagen ständig im Zugverband laufen, wurde bei den neueren Serien nur noch ein Führerstand pro Fahrzeug vorgesehen. Auf Strecken mit Wendeschleifen können die Fahrzeuge aber auch einzeln eingesetzt werden. Die B80D-Triebwagen 2201-2240 wurden von der DUEWAG gefertigt, die Tw 2251-2260 von der Berliner Waggon-Union, die damit erstmals in den Bau von B-Wagen einbezogen wurde. Die Fahrzeuge der beiden Hersteller unterscheiden sich äußerlich geringfügig. Bei den jüngsten B80D-Wagen 2301-2333 (DUEWAG 1995/96) wurden wieder zwei Führerstände vorgesehen.

Das Design der Fahrzeuge wurde verändert: in den Dachbereich hochgezogene Frontscheibe ohne vertikale Krümmung, Wegfall des separaten Nummern-/Zielkastens, in zwei Gruppen zusammengefaßte Scheinwerfer, vergrößerte Seitenfenster, große ovale Türfenster. Die führerstandslosen Heckteile sind rechteckig ausgeführt. Am Bug wurde nur eine Notkupplung vorgesehen, die hinter einer Klappschürze verborgen ist. Durch die Verwendung von nichtrostendem Stahl konnte die Eigenmasse um 2 t gesenkt werden. Vier statt drei Klapptrittstufen erleichtern den Einstieg. Anstelle der Schwenkschiebetüren wurden Außenschwingtüren mit geräuscharmem elektromechanischen Antrieb eingebaut. Wie bereits bei der letzten Serie konventioneller B-Wagen entfielen die Einfachtüren vorne

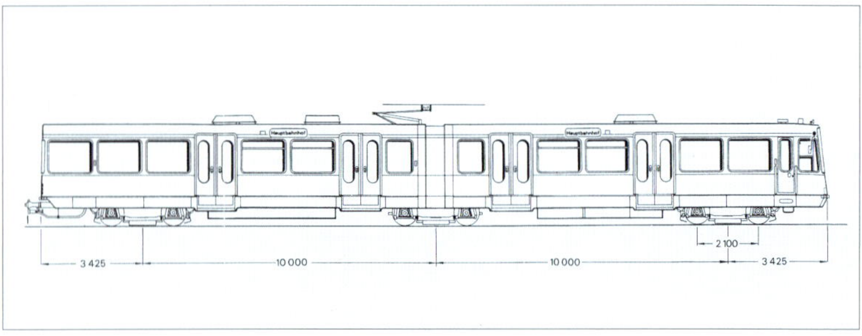

und hinten. Der Führerstand ist vergrößert und vollständig vom Fahrgastraum abgetrennt; er wird durch eine Drehtür bzw. durch eine kleine Außentür betreten. Durch den Wegfall des innenliegenden Führerstandes konnten zusätzliche Sitzplätze vorgesehen werden. Selbsttragende GFK-Schalensitze mit Wollplüschpolstern statt Kunstlederbezügen wurden eingebaut; sie erleichtern die Wagenreinigung und bieten unter der Sitzfläche Abstellraum für Gepäck. Das überarbeitete, spaltfreie DUEWAG-Gelenk ermöglicht freie Durchsicht fast über die gesamte Wagenbreite. Innen und außen wurden die Informationseinrichtungen vergrößert; sie sind nun IBIS-gesteuert.

Neu ist der wartungsarme Drehstromantrieb, der ein verlustarmes Bremsen mit Energierückspeisung ermöglicht. Pro Fahrzeug ist ein Fahrmotorumrichter in Siedebadkühltechnik vorhanden. Jeder Radsatz verfügt nun über einen eigenen Antriebsmotor und ein eigenes Getriebe (Siratrac-Motor-/Getriebeeinheit mit Lenkerkupplungen). Trotz der auf 80 km/h beschränkten Beschleunigung werden die B80D-Wagen infolge ihrer hohen Anfahrbeschleunigung auch auf den Überlandlinien eingesetzt. Die Bremsanlage wurde unverändert übernommen.

Technische Daten

Radsatzfolge	Bo'2'Bo'
Länge ü.K.	26,85 m
Breite	2,65 m
Radstand im Drehgestell	2,10 m
Drehgestellmittenabstand	10,00 m
Eigenmasse	37,0 t*)
Sitzplätze	77*)
Stundenleistung	2 x 195 kW (750 V)
Baujahre	1987-92
Spurweite	1435 mm

*) DUEWAG-Wagen 2203-2240 mit 1 Führerstand

DUEWAG: Jakobsgelenktriebwagen U4

Die jüngste Fahrzeugserie der Stadtbahn Frankfurt a.M. wurde aus dem Typ U3 entwickelt. Der sechsachsige Zweirichtungswagen ist für den Betrieb an Hochbahnsteigen geeignet. Er besitzt Drehstromantrieb, mikroprozessorgesteuerte Antriebssteuerung und Luftfederung.

In den Jahren 1994-98 wurden die U4-Triebwagen 501-539 in Betrieb genommen. Sie trugen von Anfang an die neue türkisblau/graue Frankfurter Lackierung. In Frankfurt am Main wurden diese Fahrzeuge anfänglich auch als Typ „U3-2000" bezeichnet.

Der Wagenkasten ist in Nirosta-Stahl-Leichtbauweise erstellt. Drehgestell-, Tür- und Sitzplatzanordnung entsprechen dem Typ U3 (siehe S. 40). Die Primärfederung erfolgt über Megiachsfedern, die Sekundärfederung über Luftfederbälge in Verbindung mit Gummi-Zusatzfedern; parallel dazu sind Hydraulikdämpfer eingebaut. Die Luftfederung regelt den Niveauausgleich zwischen Einstieg und Bahnsteig. Die Seitenfenster sind nun rahmenlos in die Seitenwände eingeklebt. Anstelle der DÜWAG-Falttüren sind elektromechanisch betätigte Schwenkschiebetüren mit einer lichten Weite von 1300 mm vorgesehen. Die Türfenster erstrecken sich nun auch auf den unteren Wagenbereich. Die Fußbodenhöhe beträgt im Einstiegbereich 870 mm, im Gelenkbereich 890 mm. Die Frontscheibe ist bei den Fahrzeugen des Typs U4 breiter und stärker gekrümmt als beim Typ U3. Anstelle der Rollbandbeschilderung wurde eine Matrixanzeige eingebaut. Neu gestaltet wurden auch die beiden Scheinwerfergruppen.

Im Innenraum wurde auf eine ansprechende und freundliche Atmosphäre

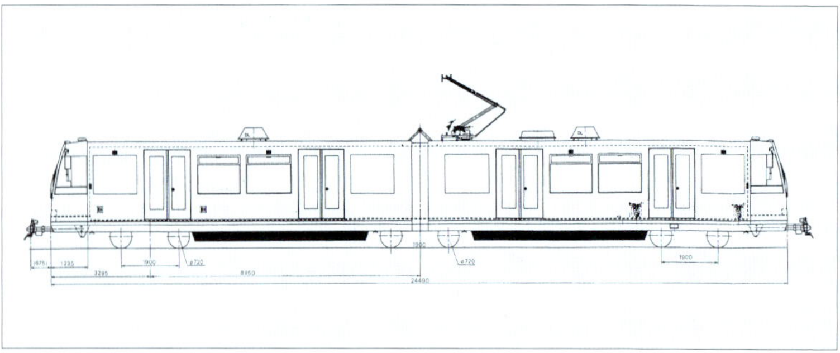

Wert gelegt. Alle Trennwände, auch zwischen Fahrgast- und Fahrerraum, bestehen aus Glas. An den Türen befinden sich Sprechgeräte für einen direkten Kontakt mit dem Fahrer. Der Führerstand wurde nach modernsten ergonomischen Erkenntnissen gestaltet. Die Fahrzeuge sind weitestmöglich an die Niederflurtriebwagen des Typs R (siehe S. 110) angepaßt.

Pro Triebdrehgestell sind zwei querliegende Drehstrom-Asynchronmotoren eingebaut, denen zwei GTO-Pulswechselrichter zugeordnet sind. Die SIBAS-16-Steuerung von Siemens in Mikroprozessortechnik regelt Fahren und Bremsen; ihr obliegt die zentrale Fahrzeug-Steuerung und Diagnose. Moderne Bus-Leittechnik kommt zur Anwendung. Das Fahrzeuginformationssystem ist IBIS-gesteuert.

Technische Daten

Radsatzfolge	Bo'2'Bo'
Länge ü.K.	24,49 m
Breite	2,65 m
Radstand im Drehgestell	1,90 m
Drehgestellmittenabstand	8,95 m
Eigenmasse	37,40 t
Sitzplätze	63
Stundenleistung	4 x 130 kW (600 V)
Baujahre	1994-98
Spurweite	1435 mm

LHB: Gelenktriebwagen „2000“

Der Hannoversche Stadtbahnwagen der zweiten Generation zeichnet sich durch ein neuartiges Außen- und Innendesign des Engländers Jasper Morrison aus, das Kanten durch Rundungen ersetzt. Er ist mit wirtschaftlicher Drehstromantriebstechnik ausgerüstet.

Das Fahrzeug ist anstelle des bisherigen Lindgrün in Silbergrau gehalten. Der Typ I (Nr. 2001-2048) verfügt über zwei Führerstände, der Typ II (Nr. 2501-2596) über einen Führerstand. Je zwei II-Wagen werden fest zusammengekuppelt und sind über D-Zug-ähnliche Übergänge mit Faltenbälgen begehbar. Ein solcher II+II-Zug kann nach Bedarf durch einen I-Wagen verstärkt werden.

Gegenüber dem achtachsigen Vorgänger “6000“ (siehe S. 54) wurde ein Drehgestell eingespart. Unter dem nur 3,78 m langen Mittelwagen ist ein Laufdrehgestell angebracht. Die Wagenlänge reduzierte sich um 1,34 m. Das Fahrzeug ist tailliert, denn die Wagenbreite konnte wegen vorgegebener Bahnsteigabmessungen nur oberhalb einer Höhe von 800 mm von 2,40 auf 2,65 m erweitert werden. Die Bodenhöhe wurde von 943 auf 860 mm gesenkt. Der in geschweißter Stahlleichtbauweise gefertigte Wagenkasten bildet eine tragende Röhre; die Wagenköpfe sind aus GFK hergestellt. Die Kupplungen ragen nur noch 80 statt 600 mm vor. Die Schürzen sind im gesamten Fahrzeugbereich herabgezogen und bilden eine Rundumverkleidung. Die beiden Endwagen werden von je zwei elektromotorisch angetriebenen Außenschwenkschiebetüren von 1300 mm lichter Weite verschlossen. Die Endtüren wurden nach innen gerückt, die Enddrehgestelle dafür nach außen. Anstelle von drei Klapp-

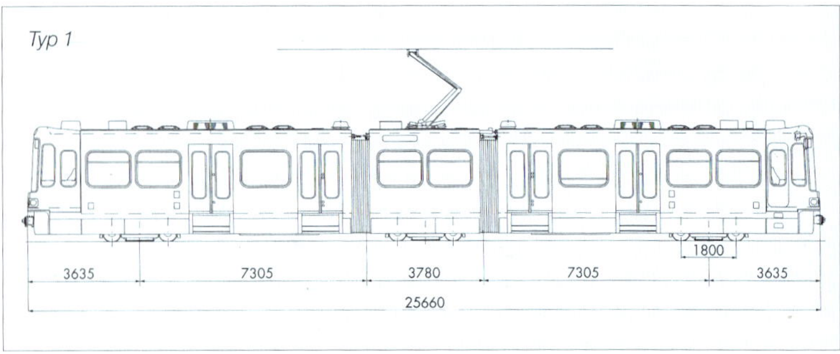

trittstufen finden sich nun vier Hubschwenktrittstufen. Im Innenraum fallen die hellen Farben und die aus Holz gefertigten Lehnen und Sitzflächen auf. Im kurzen Mittelteil wurden Quersitze eingebaut (vierreihig in Abteilen); in den Endwagen ausschließlich Längssitze, davon acht Klappsitze. Die klimatisierte Fahrerkabine ist abgetrennt.

Die von Siemens gelieferte Antriebsausrüstung besteht aus zwei voneinander unabhängigen Drehstrom-Antriebskreisen mit luftgekühlten IGBT-Pulswechselrichtern. Pro Triebdrehgestell sind zwei querliegende, luftgekühlte Asynchronmotoren eingebaut. Jedem Antriebskreis ist ein Antriebssteuergerät in SIBAS-32-Mikroprozessortechnik zugeordnet. Das ebenfalls in SIBAS-32-Technik ausgeführte zentrale Steuergerät ist über das Bus-System mit den Ein- und Ausgabegruppen verbunden. Das Fahrgastinformationssystem (mit Matrixanzeige) wurde wesentlich erweitert und wird vom Betriebsleitsystem IBIS gesteuert. Zwei statische Umformer versorgen das Drehstrombordnetz. Anstelle eines Scherenstromabnehmers wurde über dem Mittelteil ein Einholmstromabnehmer vorgesehen.

Technische Daten*

Radsatzfolge	Bo'2'Bo'
Länge	25,66 m
Breite oberhalb 800 mm ü. SOK	2,65 m
Radstand im Drehgestell	1,80 m
Drehgestellmittenabstand	9,195 m
Eigenmasse	39,85 t
Sitzplätze	63
Stundenleistung	4 x 100 kW (600 V)
Baujahre	1997-2000
Spurweite	1435 mm

*) Typ I (Nr. 2001-2048)

Siemens: Jakobsgelenktriebwagen „CitySprinter“

In Kooperation mit den Kölner Verkehrsbetrieben AG entwickelte Siemens einen preiswerten Nachfolger für den von 1973-99 ausgelieferte Stadtbahnwagen Typ B. Wie sein Vorbild wird er auch in einer achtachsigen Variante angeboten.

Durch die Standardisierung von Komponenten, rationellere Fertigungsmethoden und Wegfall aufwendiger Systeme werden die Anschaffungs- und Lebenszykluskosten herabgesetzt. Der erste von zwei sechsachsigen Prototypen (Kölner Nr. 5001) erlitt am 23. August 1999 wegen Versagens aller Bremssysteme einen schweren Auffahrunfall. Im Februar 2000 entschloß sich Köln zur Beschaffung des Konkurrenzmodells K5000 von Bombardier (siehe S. 54).

In seinen Abmessungen entspricht der „CitySprinter“ dem Typ B. Äußerlich fällt er durch die schrägestellte Designerfront auf. Durch die Verwendung von Aluminium konnten die Montage vereinfacht und das Gewicht gesenkt werden. Bodenplatte und Seitenwände bestehen aus miteinander verschraubten, geklebten bzw. vernieteten Strangpreßprofilen. Der aus GFK bestehende, variierbare Kopf ist auf eine Tragstruktur geklebt, die an die Röhre angeschraubt wird. Die Kupplung wird von der Bugschürze verdeckt. Mittenportal und Rollkranzträger sind in Stahlbauweise gefertigt. Die Drehgestelle bestehen aus einem H-förmigen Rahmen. Trotz des Drehstromantriebes wurde der Radstand im Drehgestell von 2,1 m nicht verringert. Als Primärfederung sind Gummi-/Metallfedern vorgesehen, als Sekundärfederung Schraubenfedern und vertikale Stoßdämpfer. Die vom B-Wagen bekannte Luftfederung entfiel. Alle Fenster wurden bis zur

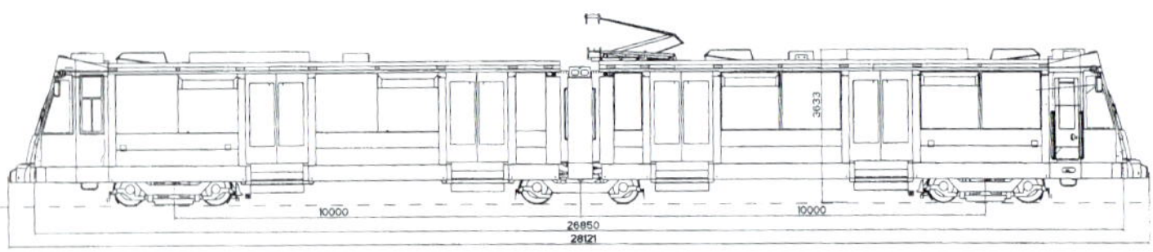

Dachkante hochgezogen. Auf beiden Wagenseiten sind vier elektrisch angetriebene, doppelflügelige Türen von 1300 mm lichter Weite vorgesehen. Die Fahrzeuge sind mit Klapptrittstufen ausgerüstet. Im Innenraum wurde auf freie Durchsicht und gut erkennbare Haltestangen und Griffe Wert gelegt. Die Plastiksitze sind im Gelenkbereich längsseitig, ansonsten als Quersitze angeordnet. Im Unterschied zum B-Wagen finden sich keine Abteilquersitze mehr. Fahrgast- und Fahrerraum sind getrennt klimatisiert.

Das All-Electric-Fahrzeug ist mit IGBT-Pulswechselrichtern ausgerüstet. Den beiden querliegenden Drehstromantrieben eines Triebdrehgestells ist je ein Stromrichter zugeordnet, der in einem Unterflur-Container untergebracht ist. Das Fahrzeug ist SIBAS-32-gesteuert. Bis zu vier Tw können im Zugverband verkehren. Neben Widerstands- und Nutzbremse sind eine auf alle Achsen wirkende Federspeicher-Scheibenbremse und Magnetschienenbremsen vorgesehen. Fast alle Systeme und Komponenten werden über TCN-Zugbussystem gesteuert. Für die Hilfsbetriebe ist ein statischer IGBT-Umrichter (400 V Wechsel-, 24 V Gleichstrom) vorhanden.

Technische Daten

Radsatzfolge	Bo'2'Bo'
Länge	26,85 m
Breite	2,65 m
Radstand im Drehgestell	2,10 m
Drehzapfenabstand	10,00 m
Sitzplätze	62
Stundenleistung	4x140 kW
Baujahre	1999
Spurweite	1435 mm

Bombardier: Jakobsgelenktriebwagen K5000

Als Nachfolger des B-Wagens haben die Kölner Verkehrsbetriebe AG (KVB) 55 Zweirichtungs-Triebwagen des Typs K5000 mit einer Option auf 91 weitere bestellt. Der K5000 ist um DM 900 000 billiger und um 2,5 t leichter als sein Vorgänger.

Der hochflurige Typ K5000 basiert auf dem mittelflurigen Typ K4000 (siehe S. 124f.), von dem bereits 120 Tw auf den Ost-West-Linien in Betrieb stehen. Durch die Komplementarität werden die Wartungs- und Ersatzteilkosten reduziert. Der mit Klapptrittstufen ausgerüstete Typ K5000 wird auf den teilweise mit Hochbahnsteigen (900 mm) ausgerüsteten Nord-Süd-Strecken eingesetzt. In Länge und Breite orientiert er sich am Stadtbahnwagen B. Der Achsstand wurde von 2,10 auf 1,80 m verringert, der Drehzapfenabstand von 10,00 auf 10,50 m vergrößert. Im Baukastensystem kann der K5000 zum Acht-, Zehn- und Zwölfachser erweitert werden (innere Drehzapfenabstände von je 9,00 m). Die Kölner Option beinhaltet den Zwölfachser als Variante.

Die Module Untergestell, Seitenwand, Dach und Kopf werden bei Bombardier Wien gebaut. Fertigung und Innenausbau erfolgen bei Bombardier-Talbot in Aachen. Das Untergestell und die Seitenwände werden als geschweißte Stahlkonstruktion erstellt. Ansonsten kommt Aluminum-Leichtbau zur Anwendung. Die Wagenkastenröhre entsteht durch Zusammennieten der Module. Die einteilige, gekrümmte Frontscheibe ist bis in den Dachbereich hochgezogen. Die Triebdrehgestelle wurden vom Typ K4000 übernommen. Die Kupplungen werden durch Abdeckungen verkleidet. Die Primärfederung erfolgt über Gummi-/Metallelemente, die Sekundärfederung über Stahlschrauben. Auf die von den

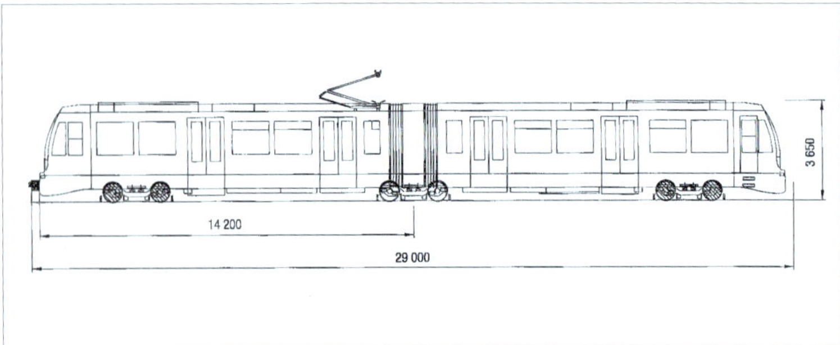

B-Wagen gewohnte Luftfederung wurde verzichtet. Pro Wagenseite sind vier elektromechanisch angetriebe, doppelflügelige Außenschwingtüren vorgesehen. Die Fahrerkabine wird durch eine verglaste Wand mit Drehtür vom Innenraum abgetrennt. Sie verfügt zudem über eine seitliche Fahrertür. Im Innenraum sind Quersitze in Anordnung 2+1 bzw. 1+1 vorgesehen, im Gelenkbereich Längssitze. Erstmals in Köln wird der Innenraum durch eine Luftkühlungsanlage klimatisiert.

Die von Kiepe gelieferte E-Ausrüstung ist in Containern unter dem Fußboden zusammengefaßt. Auf dem Dach sind Widerstände und Klimageräte angeordnet. Pro Triebdrehgestell treiben zwei querliegende, luftgekühlte Drehstrom-Asynchronmotoren je eine Achse an. Jedem Triebdrehgestell sind ein Umrichter in IGBT-Technik und ein Fahr-/Bremsregler zugeordnet. Letztere werden vom zentralen Leitgerät aus gesteuert. Neben der Widerstands- und Nutzbremse sind hydraulische Federspeicher-Scheibenbremsen sowie Magnetschienenbremsen vorgesehen. Die Kommunikation erfolgt über Wagen- bzw. Zugbus.

Technische Daten

Radsatzfolge	Bo'2'Bo'
Länge ü.K.	29,00 m
Breite	2,65 m
Radstand im Drehgestell	1.80 m
Drehzapfenabstand	10,50 m
Eigenmasse	36,50 t
Sitzplätze	62
Stundenleistung	4 x 120 kW (750 V)
Baujahre	2000-02
Spurweite	1435 mm

DÜWAG, Wegmann: Jakobsgelenktriebwagen Pt, Ptb

Der 2,35 m breite Zweirichtungs-Gelenktriebwagen Typ Pt der Verkehrsgesellschaft Frankfurt am Main wurde für den Einsatz auf den U-Straßenbahnlinien, zur Komfortsteigerung im konventionellen Straßenbahnnetz sowie für baustellenbedingte Stumpflinien beschafft.

1972 lieferte DÜWAG die achtachsigen Pt-Triebwagen 651-680 mit Schwenktrittstufen, die sowohl an Hochbahnsteigen wie an Niedrighaltestellen verkehren können. Es folgte eine Variante mit festen Trittstufen (Typ P): 1973 die Triebwagen 681-716 sowie 1977/78 die von DÜWAG/Wegmann erbauten Triebwagen 717-750. Alle P-Wagen wurden später in Pt-Triebwagen umgebaut. Für den Mischbetrieb mit 2,65 m breiten U3-Wagen erhielten ab 1997 die Pt-Triebwagen 692-750 nach außen gesetzte Schwenkstufen, die die Lücke zwischen Bahnsteigkante und Fahrzeug überbrücken (Typ Ptb).

Der Wagenkasten ist in Stahlleichtbauweise erstellt. Dach, Seitenwände, Untergestell und Beblechung bilden eine tragende Röhre. Wie bei den U2-Wagen sind die Wagenköpfe in massensparender, reparaturfreundlicher GFK-Sandwichbauweise erstellt. Die in der Mitte geknickte Frontscheibe ist schräg gestellt. Darüber ist ein Ziel-/Nummernkasten mit Rollbandanlage eingebaut. Bei den Drehgestellen in Innenlagerbauweise handelt es sich um eine geschweißte Hohlträgerkonstruktion. Drei Trittstufen in einer Höhe von 400/294/266 mm sind vorgesehen. Die Türanordnung beträgt 1-2-2-1; das mittlere C-Teil ist türlos. Die elektromechanisch angetriebenen DÜWAG-Falttüren mit einer lichten Weite von 650 mm bzw. 1300 mm sind aus GFK gefertigt. Alle Türen liegen in der Geraden. Die Innenwände und der Gelenkbereich sind mit GFK verkleidet.

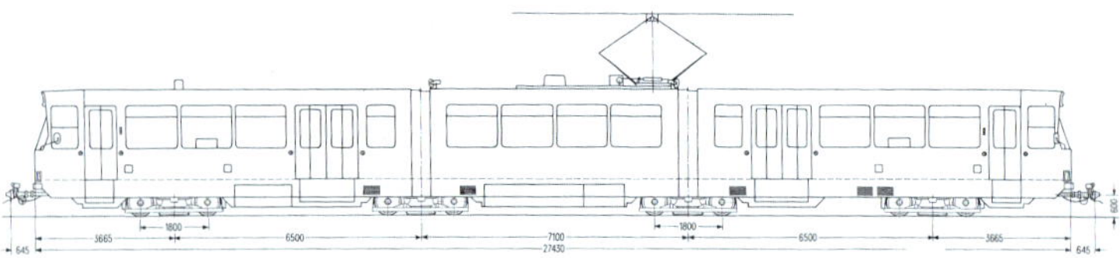

Die Fahrgäste sitzen auf zwei- bzw. dreireihigen, gepolsterten Abteilquersitzen mit Fenstertischen. Die Fahrerkabinen werden durch eine Trennwand mit Drehtür abgeschlossen.

Die E-Ausrüstung entspricht weitgehend derjenigen der U2-Triebwagen. Pro Triebdrehgestell ist ein längsliegender Reihenschlußmotor eingebaut, der beide Achsen über zwei FWH-DÜWAG-Achsgetriebe antreibt. Eine halbautomatische, elektronische SIMATIC-Steuerung regelt Fahren und Bremsen und ermöglicht die Zugsteuerung von bis zu drei Tw. Das elektromotorisch angetriebene Schaltwerk mit Doppelnockenschaltern bietet 20 Fahr- und 17 Bremsstufen. Über dem C-Teil ist ein konventioneller Scheren- bzw. Einholmstromabnehmer montiert. Neben der generatorischen Bremse sind zwei Federspeicherbremsen pro Triebdrehgestell, eine Solenoidbremse in einem Laufdrehgestell sowie Magnetschienenbremsen in allen Drehgestellen vorhanden. Die Ptb-Wagen sollen mit SIBAS-Mikroprozessorsteuerungen nachgerüstet werden.

Technische Daten

Radsatzfolge	B'2'2'B'
Länge	27,43 m
Breite	2,35 m
Radstand im Drehgestell	1,80 m
Drehgestellmittenabst.	6,50-7,10-6,50 m
Eigenmasse	34,50 t
Sitzplätze	62
Stundenleistung	2 x 120 kW (600 V)
Baujahre	1972/73, 77/78
Spurweite	1435 mm

DÜWAG, LHB: Jakobsgelenktriebwagen „6000“

Der achtachsige Hannoversche Stadtbahnwagen der ersten Generation entspricht in seinen Abmessungen einem Straßenbahnwagen. Neuerungen waren die Zweirichtungsbauweise, die Klapptrittstufen und die Thyristor-Gleichstromstellersteuerung mit Energierückgewinnung.

1970 waren zwei sechsachsige Stadtbahn-Prototypen geliefert worden, die bald ausgemustert wurden. Bei der Serienlieferung ging man zum Achtachser über; die Wagenbreite wurde von 2,50 auf 2,40 m reduziert. In sechs Serien wurden die Triebwagen Nr. 6001-6100 (DÜWAG 1974-78) und 6101-6260 (LHB 1979-92) beschafft.

Die Wagenkasten ist in Stahlleichtbauweise aus Walz-, Kant- und Hohlprofilen zusammengeschweißt und bildet eine tragende Röhre. Die Beblechung ist auf das Gerippe geschweißt. Bewährte Innenlagerdrehgestelle in geschweißter Hohlträgerkonstruktion mit Tandemantrieb kamen zur Anwendung. Megi-Achsfedern übernehmen die Primärfederung, Gummirollfedern mit parallel angeordneten Schwingungsdämpfern die Sekundärfederung. Fünf elektromechanisch angetriebene DÜWAG-Doppelfalttüren aus GFK mit einer lichten Weite von 1300 mm ermöglichen einen raschen Fahrgastwechsel. Die elektromechanisch angetriebenenen Klapptrittstufen (388/294/261 mm) lassen einen Einsatz an Hoch- und Niedrigbahnsteigen zu. Innen sind dreireihige Schalensitze in Abteilanordnung vorgesehen (an den Wagenenden zweireihig). Die Fahrerkabinen sind vom Innenraum abgetrennt. Die große, schief gestellte und nach unten herabgezogene Stirnscheibe ermöglicht eine gute Sicht. Auf Dachhöhe ist hinter der Stirn-

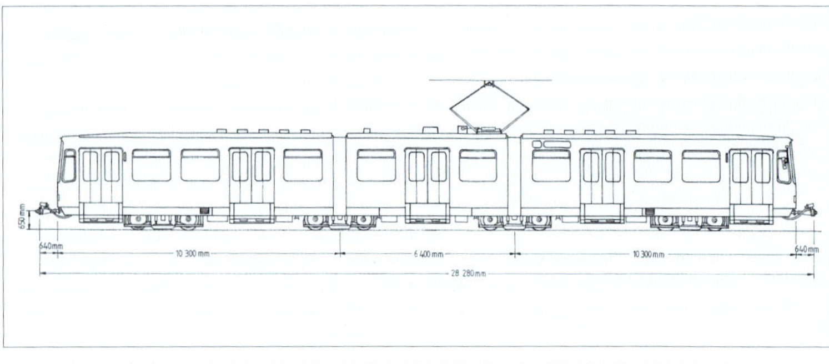

scheibe eine große Rollbandanlage montiert.

Die E-Ausrüstung wurde von Siemens geliefert. Erstmals wurden bei einer größeren Wagenserie Thyristor-Gleichstromstellersteuerungen verwendet. Pro Triebwagen regeln zwei unabhängige, mit einer konstanten Frequenz von je 250 Hz getaktete Gleichstromsteller (Chopper) durch kontinuierliches Zerhacken der Fahrdrahtspannung stufenlos Anfahren und Bremsen. Durch Rückspeisung von Bremsenergie in das Fahrleitungsnetz kann der Energiebedarf um bis zu 30 % vermindert werden. Das erste und vierte Drehgestell ist motorisiert: Ein längsliegender Motor mit besonders hochliegender Kennlinie treibt über zwei Achsgetriebe beide Achsen an. Als Betriebsbremse dient die generatorische Bremse, als Feststell- und Anhaltebremse die hydraulische Federspeicher-Scheibenbremse (in beiden Triebdrehgestellen und einem Laufdrehgestell), als Notbremse die Magnetschienenbremse. Bis zu vier Triebwagen können in Zugsteuerung verkehren – in Hannover werden als maximale Einheit Dreiwagenzüge verwendet. Auf dem C-Teil ist ein Scherenstromabnehmer angeordnet.

Technische Daten

Radsatzfolge	B'2'2'B'
Länge	27,00 m
Breite	2,40 m
Radstand im Drehgestell	1,80 m
Drehgestellmittenabst.	6,40-6,40-6,40 m
Eigenmasse	38,80 t
Sitzplätze	46
Stundenleistung	2 x 217 kW (600 V)
Baujahre	1974-92
Spurweite	1435 mm

DÜWAG: Jakobsgelenktriebwagen M8S

Der Stadtbahnwagen M/N wurde überwiegend als Achtachser (Meterspurversion M8 bzw. Normalspurversion N8) beschafft. Größter Kunde mit 78 Fahrzeugen in vier Unterbauarten war die Essener Verkehrs AG (EVAG), gefolgt von Dortmund, Bielefeld und Kassel.

Der achtachsige EVAG-Stadtbahnwagen M8 entspricht konstruktiv dem auf S. 38 beschriebenen Sechsachser M6. Das als C-Teil bezeichnete Mittelteil ist türlos ausgeführt und beherbergt Heizung und Beleuchtung.

Die vier Unterbauarten der EVAG-Wagen unterscheiden sich hinsichtlich ihrer elektrischen Ausrüstungen: Die M8S-Tw 1001-1020 (Bj. 1975/76) sind mit elektromagnetischen Siemens-Schützensteuerungen, die M8C-Tw 1101-1116^{II}, 1151-1180 (Bj. 1979-83) mit Siemens-Gleichstromstellersteuerungen ausgerüstet. Der 1979 in Betrieb genommenen M8D-Tw 1200 war ein Versuchswagen für Drehstromantrieb. Seine Elektronik stammte im Unterschied zu den Serienwagen von Kiepe; die Stundenleistung betrug stolze 2x225 kW. 1993/94 wurde er zum M8C-Serienwagen 1116^{II} zurückgebaut. Schließlich wurden 1989/90 die fünfzehn M8C-Tw 1401-1415 ausgeliefert, die mikroprozessorgesteuerte ABB-Gleichstromstellersteuerungen mit abschaltbaren GTO-Thyristoren aufweisen. Bereits kurz nach Ablieferung brannten die Tw 1009 und 1010 total aus.

Wegen zusätzlicher Schaltschränke sind die Seitenfenster des A- und B-Teiles in Gelenknähe schmäler ausgeführt. Der Stromabnehmer dieser Serie ist nicht mehr vorne auf dem A-Teil, sondern in Gelenknähe angeordnet. Die bei den Vorläuferserien vorhandene Druck-

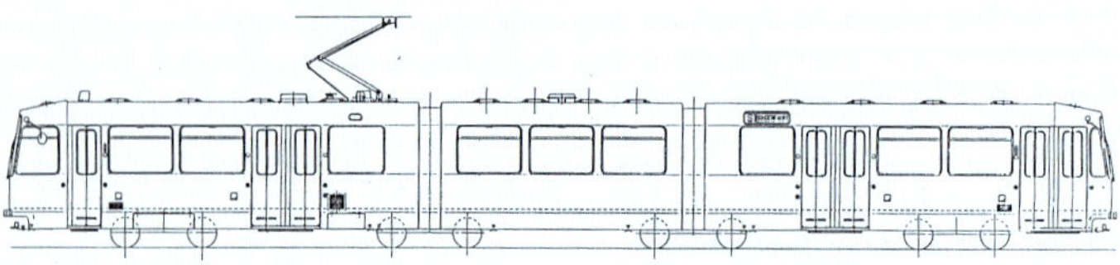

luftanlage ist entfallen („All Electric Cars"). Im Innenraum dieser modernsten M8-Wagen fallen die neoprongepolsterten Schalensitze sowie die platzsparende Reihen- statt Abteilsitze im Mittelteil auf.
Die 1983 gelieferte Serie 1171-1176 wurde nur noch mit einem Stromabnehmer ausgeliefert; entsprechend wurde ab 1984 bei allen älteren EVAG-Wagen der zweite Einholmstromabnehmer auf dem B-Teil abmontiert. Jene Serie wies auch erstmals Klapptrittstufen für den Betrieb an Hochbahnsteigen auf; entsprechend wurden 1984/85 die heutigen Nr. 1151-1170, 1177-1180 nachgerüstet. Für den Einsatz in Doppeltraktion ist ein Teil der Essener M8-Wagen mit BSI-Kupplungen ausgerüstet worden.

Technische Daten

Radsatzfolge	B'2'2'B'
Länge	25,88 m
Breite	2,30 m
Radstand im Drehgestell	1,80 m
Drehgestellmittenabst.	6,20-6,20-6,20 m
Eigenmasse	34,50; 31 t*)
Sitzplätze	54; 57*)
Stundenleistung	2 x 185 kW (750 V)
Baujahre	1975/76, 79/80, 82-84, 89/90
Spurweite	1000 mm

*) Daten: Serien 1001-1020; 1401-1415; siehe auch Tabelle auf S. 58

Übersicht: M/N-Wagen

Betrieb	Nummern	Typ	Hersteller	Baujahr	Bemerkungen
Augsburg	8001-8012	M8C	MAN/DUEWAG	1985	Tür im Mittelteil
Bielefeld	501-504	M8S	DÜWAG	1976	1987 = Mainz 277-280
	516-559	M8C	DUEWAG	1982/87	
Bochum-	301-333	M6S	DÜWAG	1976/77	
Gelsenkirchen	334-355	M6C	DÜWAG	1981/82	
Dortmund	101-154	N8C	DÜWAG	1978-83	
Essen	1001-1021	M8S	DÜWAG	1975/76	
	1101-1135	M8C	DÜWAG	1979-83	heutige Nr. 1101-1116, 1151-1180
	1200	M8D	DÜWAG	1980	= M8C 1116"
	1401-1415	M8C	DUEWAG	1889/90	
Heidelberg	251-258	M8C	DUEWAG	1985/86	
Kassel	401-416	N8C	Wegmann/ DÜWAG	1981	vorübergehend Beiwagenbetrieb
	417-422	N8C	DUEWAG	1986	
Krefeld	831-850	M8C	DÜWAG	1980/81	
Mainz	271-276	M8C	DUEWAG	1984	
	277-280	M8S	DÜWAG	1976	1987 ex Bielefeld 501-504
Mülheim/Ruhr	271-276	M8S	DÜWAG	1976	Umbau in M8C
	277-281	M6S	DÜWAG	1977	Umbau in M6C
	282	M6D	DÜWAG	1979	1997 = M6D-NF mit Niederflur-mittelteil
	283-286	M6D	DUEWAG	1984	} 11 Tw: Umbau in M6D-NF
	287-290	M6D	DUEWAG	1987	
	291-294	M6D	DUEWAG	1991/92	
Nürnberg	361-372	N6S	MAN/DÜWAG	1976	1991 = N8S-NF mit Niederflur-mittelteil

C	Choppersteuerung (Gleichstromstellersteuerung)	M	Meterspur	8	achtachsig
		N	Normalspur	NF	Niederflur-Mittelteil
D	Drehstromantrieb	6	sechsachsig	S	Schützensteuerung

Die Augsburger M8C weisen als einzige Fahrzeuge dieses Typs eine Tür im Mittelteil auf

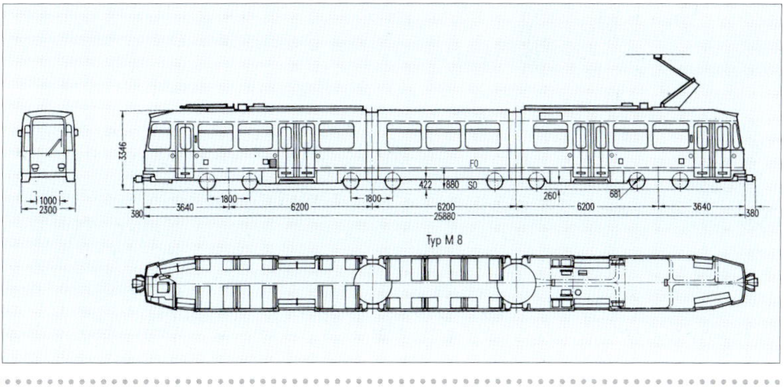

DUEWAG: Jakobsgelenktriebwagen GT8-80C

Der sechsachsige Karlsruher Stadtbahnwagen GT6-60C wurde durch Einfügen eines Mittelteiles zum achtachsigen GT8-80C erweitert. Ein Teil der Fahrzeuge erhielt anstelle konventioneller Mittelteile klimatisierte Komfortmittelteile mit Panoramascheiben.

Die Einrichtungstriebwagen 561-570 (ex 861-870) wurden 1991/92 als Achtachser geliefert. Die Tw 571-580, 581-590 entstanden hingegen 1993 bzw. 1997 durch Einfügen neuer Mittelteile in Sechsachser (ex 871-880 bzw. 521-530, DUEWAG 1987, Drehgestelle von der Waggon-Union).
Exklusive Panorama-Mittelteile erhielten 1990/91 die z.T. noch als Sechsachser gelieferten Tw 551-560 (ex 851-860 ex 581-590; DUEWAG 1989, hierzu das Bild und die Zeichnung). Hiervon gehören die Tw 551-553 der Albtalbahn-Verkehrs-Gesellschaft (AVG), die Tw 554-560 den VBK. Ihr Einsatzgebiet sind die Stadtbahnlinien S1, S2 und S11.

Die GT8-80C mit asymmetrischem Bug bzw. Heck entspicht wagenbaulich dem GT8-60C. Die Mittelteile der Tw 561-590 fügen sich in Form und Farbe harmonisch in das Gesamtbild des Zuges ein. Auch die Inneneinrichtung entspricht dem A- und B-Teil. – Bei den Tw 551-560 sind die klimatisierten Komfortmittelteile durch die vier zusätzlichen Panoramascheiben im Dachvoutenbereich sowie durch graue Streifen äußerlich gekennzeichnet. Im Innenraum sind sie vom A- und B-Teil durch Trennwände abgegrenzt, die im ihrem oberen Teil aus Glas bestehen. Der Durchgang ist türlos. Zwischen den Trennwänden und dem Gelenkportal ist eine Ablage für Gepäck

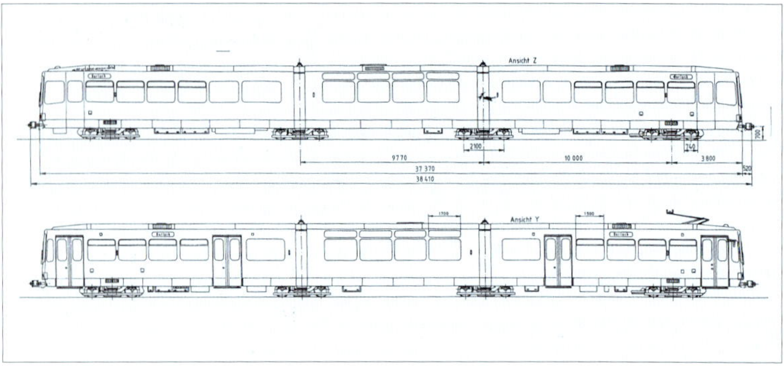

und Mäntel vorgesehen. Der Fußboden ist in den 10 m langen Komfortmittelteilen bis zu den Sitzunterkanten mit Teppichboden belegt. Zwischen den Sitzen sind unterhalb der Fenster Tische vorgesehen. Anstelle der vierreihigen Abteilquersitze sind im Komfortmittelteil bequemere dreireihige Abteilquersitze mit beidseitigen Armlehnen eingebaut. Der Sitzabstand ist vergrößert. An den Fenstern können Vorhänge vorgezogen werden. Die Klimaanlage ist auf dem Dach des C-Teiles montiert; die erwärmte bzw. gekühlte Luft tritt im Bereich der Dachvoutenverglasung aus. Zusätzlich wurden unter zwei Sitzen Heizgebläse vorgesehen.

Die elektrische Ausrüstung (BBC-Gleichstromstellersteuerung mit Energierückspeisung, DUEWAG-Tandemantrieb) und die Bremsausrüstung entsprechen derjenigen des Typs GT6-80C. In allen Drehgestellen sind Federspeicher-Scheibenbremsen eingebaut.

Technische Daten*

Radsatzfolge	B'2'2'B'
Länge	37,37 m
Breite	2,65 m
Radstand im Drehgestell	2,10 m
Drehgestellmittenabst.	10,00-9,77-10,0
Eigenmasse	51,0 t
Sitzplätze	119; 119; 117
Stundenleistung	2 x 280 kW (750 V)
Baujahre	1991/92; 87 (93/97); 89/90 (90/91)
Spurweite	1435 mm

*) Tw 561-570; 571-590; 551-560

DUEWAG: Jakobsgelenktriebwagen GT8-100C/2SY

Der Karlsruher Zweisystem-Stadtbahnwagen mit elektrischer Ausrüstung von ABB war weltweit das erste Fahrzeug, das übergangslos von Stadtbahn- auf Eisenbahnstrecken wechseln konnte. Der erfolgreiche Einsatz führte zur raschen Ausweitung des Regionalstadtbahnkonzeptes.

Bereits im Oltober 1979 war die Linie A unter Einbeziehung einer bislang nicht elektrifizierten DB-Güterstrecke nach Neureut verlängert worden. 1992 eröffnete man die Linie B zwischen Karlsruhe und Bretten (heute als S4 bezeichnet). Nun war ein Zweisystemfahrzeug für 15 kV, 16 2/3 Hz Wechselspannung und 750 V Gleichspannung erforderlich. Der achtachsige GT8-100C/2SY wurde aus dem achtachsigen Stadtbahnwagen GT8-80C (siehe S. 64) entwickelt. DUEWAG lieferte zwischen 1991 und 1995 die Zweisystemwagen 801-836. Hiervon gehören die Tw 801-816 und 821-836 den Verkehrsbetrieben Karlsruhen (VBK) bzw. der Albtalbahn-Verkehrs-Gesellschaft (AVG), die Tw 817-820 der Deutschen Bahn AG (DB AG); letztere tragen zusätzlich deren Betriebsnummern 450 001-004. Die Zweisystemwagen laufen auf den Linien S3, S4, S5 und S9.

Im Unterschied zum GT8-80C handelt es sich um ein Zweirichtungsfahrzeug mit symmetrischen Wagenenden. Wagenkasten- und Drehgestellkonstruktion entsprechen dem Vorbild. Anstelle der Außenschwingtüren wurden Schwenkschiebetüren (mit vierter Schwenktrittstufe) vorgesehen. Sie sind nun im A- und B-Teil zwischen den Drehgestellen angeordnet; an den Wagenenden finden sich keine Türen mehr. Das mittlere C-Teil ist türlos ausgeführt. Im A- und B-Teil wurden überwiegend vierreihige Quersitze in Abteil-

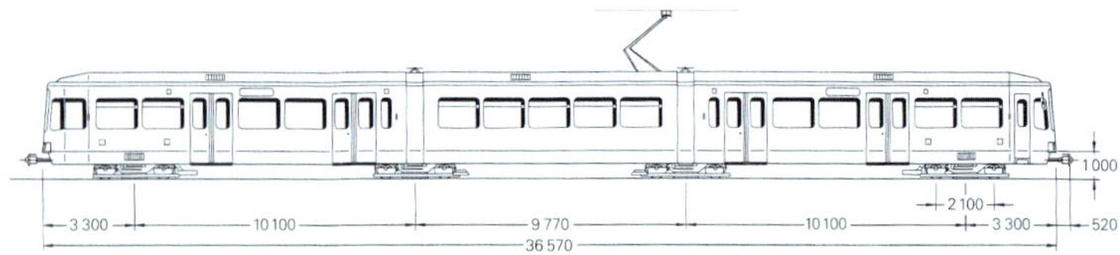

form, im C-Teil hingegen hintereinander angeordnete vierreihige Quersitze vorgesehen. An den Wagenenden sind jeweils drei Sitzplätze als Klappsitze ausgeführt. Die beiden klimatisierten Führerstände sind vollständig vom Fahrgastraum abgetrennt; in der Rückwand befindet sich eine Tür mit Zahlkasse. Außerdem steht dem Fahrer eine kleine äußere Fahrertür jeweils vorne rechts zur Verfügung. Bei den Tw 809/810 ist im Mittelteil eine Toilette eingebaut.

Bei Betrieb auf DB-Strecken werden ein Gleichrichter und ein Transformator vorgeschaltet. Der Systemübergang erfolgt automatisch. Die 15-kV-Zusatzausrüstung ist platzsparend im Dachbereich und unter dem Boden des C-Teil untergebracht. Zwei getrennte Antriebseinheiten umfassen jeweils einen Fahrmotor, Gleichstromsteller und Wagensteuergerät. Die MICAS-Mikroprozessorsteuerung regelt stufenlos Fahren und Bremsen. Der Einholmstromabnehmer ist nun auf dem C-Teil angeordnet. Die Fahrzeuge sind mit Sifa, Indusi, Zugbahnfunk, induktiver Fahrsperre und VBK/AVG-Betriebsfunk ausgestattet und damit für Strecken gemäß Eisenbahn-Bau- und Betriebsordnung (EBO) wie Betriebsordnung Straßenbahn (BOStrab) zugelassen.

Technische Daten*

Radsatzfolge	B'2'2'B'
Länge	36,57 m
Breite	2,65 m
Radstand im Drehgestell	2,10 m
Drehgestellmittenabst.	10,10-9,77-10,10 m
Eigenmasse	58,6 t
Sitzplätze	100*)
Stundenleistung	2 x 280 kW (750 V)
Baujahre	1991-95
Spurweite	1435 mm

*) 97 (Tw 809, 810 mit Toilette)

DUEWAG: Jakobsgelenktriebwagen M8D-Bielefeld

Der meterspurigen Bielefelder Stadtbahnwagen der zweiten Generation ist eine Fortentwicklung des klassischen M-Wagens (siehe S. 60ff.). Wegen des ausschließlichen Einsatzes in Zugsteuerung weisen die Zweirichtungswagen nur noch einen Führerstand auf.

Da die Bielefelder Stadtbahn auf Hochbahnsteige umgestellt wird, werden keine Niederflurwagen bestellt. Dank der zusätzlichen Schwenktrittstufen ist ein Betrieb an Hochbahnsteigen wie auch an nicht umgebauten Niedrigbahnsteigen möglich. Die Gelenkwagen mit den Nr. 580-595 verkehren „Heck-an-Heck" gekuppelt; nach Bedarf werden die vierachsige Zwischenbeiwagen Nr. 596-600 (siehe S. 68) eingestellt.

Die Fahrzeuge wurden äußerlich den MGT6D-Niederflurwagen angeglichen: herabgezogene, horizontal gekrümmte Führerstandsscheibe, hochgezogene Dachvouten, eingeklebte eckige Seitenfenster, Außenschwenkschiebetüren. Das führerstandslose Heck ist eckig ausgeführt. Die Wagenkasten- und Drehgestellkonstruktion entsprechen hingegen dem Typ M8C. Das Eigenmasse konnte durch Einsparungen im M- und E-Teil um knapp 5 t gesenkt werden. A- und B-Teil sind kürzer als beim M8C; dafür wurde das mittlere C-Teil von 6200 auf 6900 mm verlängert, was Begegnungsverbote erforderlich machte. Besaß der M8C-Wagen je zwei Türen im A- und B-Teil, verfügt sein Nachfolger über eine Doppeltür in jedem Wagenteil (mit großem ovalem Türfenster). Anstelle der dreireihigen Abteilquersitze finden sich nun vierreihige Abteilquersitze (A- und B-Teil/Endbereich) sowie Längssitze (A- und B-Teil in Gelenknähe

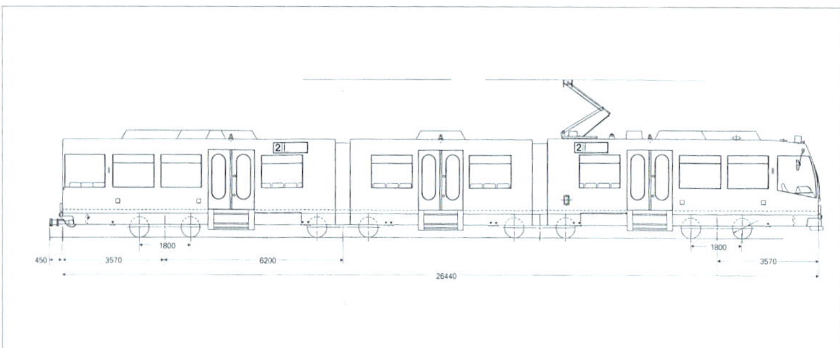

sowie C-Teil). Im Heck (mit Rangierpult) sind je drei schräg gestellte Einzelsitze vorgesehen. Kunststoffschalensitze mit Polsterauflage wurden eingebaut. Die klimatisierte Fahrerkabine wurde geräumiger gestaltet und durch eine Zwischenwand mit halbverglaster Tür vollständig vom Innenraum abgetrennt. Fahrscheinverkauf durch den Fahrer findet nicht mehr statt.

Je zwei wassergekühlte, schnelllaufende ABB-Asynchronmotoren pro Triebdrehgestell treiben über ein querliegendes, zweistufiges Stirnradgetriebe je eine Achse an. Jedem Motor ist ein unterflurig angeordneter, wassergekühlter Transistor-Wechselrichter zugeordnet. Bremswiderstände und Kühlgeräte sind in Gerätecontainern auf dem A- und B-Teil zusammengefaßt. Die mikroprozessorgeregelte Fahrzeugsteuerung MICAS-S regelt Fahren-/Bremsen sowie die Sicherungs-, Informations- und Diagnosesysteme. Der Einholmstromabnehmer auf dem A-Teil wurde zum Gelenk versetzt. Die generatorische Bremse dient als erste Betriebsbremse, die elektrohydraulische Federspeicherbremse (zweistufig in den Triebdrehgestellen, stufenlos im ersten Laufdrehgestell) als Ersatz- und Anhaltebremse, die Schienenbremse als Notbremse.

Technische Daten

Radsatzfolge	Bo'2'2'Bo'
Länge	26,44 m
Breite	2,30 m
Radstand im Drehgestell	1,80 m
Drehgestellmittenabst.	6,20-6,90-6,20 m
Eigenmasse	34,0 t
Sitzplätze	63
Stundenleistung	4 x 95 kW (750 V)
Baujahre	1994/95
Spurweite	1000 mm

DUEWAG: Jakobsgelenktriebwagen B80C/8

Zur Kapazitätserweiterung konstruierte die DUEWAG für die zweiteiligen Dortmunder B80C-Wagen (siehe S. 36) einen mittleren C-Wagen, der konstruktiv entsprechend den A- und B-Teilen ausgeführt wurde und sich in Farbe und Form in das Gesamtbild einfügt.

Die Wagenlänge der Tw 344-354 verlängerte sich von 26,85 auf 36,85 m. Die Länge des Mittelwagens (10,0 m) ist so bemessen, daß sich die Hüllkurve nicht verändert. Anders als bei der ähnlichen Karlsruher Lösung (siehe S. 64) ist er mit einer doppelbreiten Außenschwenkschiebetür versehen. Die Anzahl der Sitzplätze nahm von 72 auf 96, die Zahl der Stehplätze (4 Pers./m^2) von 108 auf 154 zu. 1999/2000 wurden weitere zehn B80C/8-Wagen neu beschafft (= Nr. 355-364).
Der B80C-Triebwagen 343 erhielt 1998 versuchsweise einen rahmenlosen Mittelwagen, dessen Rohbau in Sandwichkonstruktion aus Faserverbundwerkstoffen auf der Basis neuartiger Epoxidharze gefertigt ist.

Der Wagenkasten des achtachsigen Zweirichtungswagens ist in geschweißter Stahl-Leichtbauweise erstellt. Seitenwände, Dach und Vorbaugerippe bilden zusammen mit dem Untergestell eine tragende Röhre. Mittel- und Endwagen sind baugleich ausgeführt. Die Drehgestelle sind in geschweißter Hohlträgerbauweise konstruiert und leicht ausgeführt. Im Unterschied zu Straßenbahndrehgestellen weisen sie einen höheren Achsabstand und eine Sekundärfederung über Luftfederbälge mit parallelen Flüssigkeitsschwingungsdämpfern auf. Die Primärfederung erfolgt über Megi-Achsfedern. Trotz des Drehgestellmittenabstandes von 10,0 m wird ein minimaler Kurvenradius von 25 m ermöglicht. Die

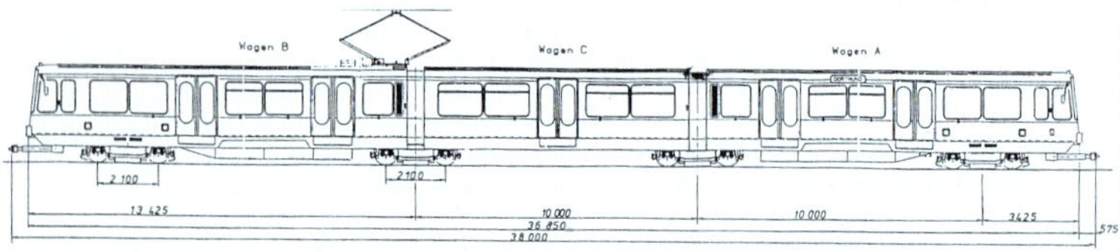

elektropneumatisch angetriebenen Außenschwenkschiebetüren (mit Klapptrittstufen für mittelhohe Bahnsteige) weisen eine lichte Weite von 1300 mm auf. Die Fußbodenhöhe beträgt 1000 mm (Trittstufenhöhe 1000/700 mm). Die gepolsterten Sitze mit Armlehnen sind überwiegend vierreihig in Abteilform angeordnet. An den Wagenenden finden sich Einzelsitze, in den Gelenkbereichen Längsbänke. Der Innenraum einschließlich des Mittelgelenks ist mit GFK verkleidet. Die Fahrerkabine ist durch eine Trennwand mit Zwischentür vollständig abgeschlossen.

Die elektrische Ausrüstung lieferte ABB. Die beiden äußeren Drehgestelle werden von je einem längsliegenden Motor angetrieben (DUEWAG-Tandemantrieb). Die Fahrzeuge sind mit Gleichstromstellersteuerungen ausgerüstet. Eine Rückspeisung von Bremsenergie ins Fahrleitungsnetz ist möglich. Auf dem B-Teil ist ein Scherenstromabnehmer in Gelenknähe angeordnet. Neben der generatorischen Bremse sind die Federspeicher-Scheibenbremse (an allen Achsen) sowie die elektromagnetische Schienenbremse vorhanden.

Technische Daten*

Radsatzfolge	B'2'2'B'
Länge	36,85 m
Breite	2,65 m
Radstand im Drehgestell	2,10 m
Drehgestellmittenabst.	10,00-10,00-10,00 m
Eigenmasse	50,5 t
Sitzplätze	96
Stundenleistung	2 x 222 kW (750 V)
Baujahre	1992 (95/96)
Spurweite	1435 mm

*) Serie 344-354

DUEWAG: Beiwagen MB4

Die Bielefelder Zweirichtungs-Stadtbahnwagen der zweiten Generation verkehren in festen Zweiwagenzügen und besitzen daher nur einen Führerstand pro Fahrzeug. 1999 wurden zur Erhöhung der Kapazität fünf vierachsige Mittelbeiwagen ausgeliefert.

Die Mittelbeiwagen tragen die Fahrzeugnummern 596-600. Konstruktiv entsprechen sie den Gelenktriebwagen des Typs M8D-Bielefeld (Nr. 580-595, siehe S. 68), zwischen denen sie eingestellt werden. Infolge der Schwenktrittstufen ist ein Betrieb an Hochbahnsteigen wie auch an nicht umgebauten Niedrigbahnsteigen möglich. Bei einer Zuglänge von rund 68 m wird ein Gesamtplatzangebot von 389 Personen erreicht (4 Stehplätze pro m²).

Die Wagenkasten ist in Stahlleichtbauweise aus Walz-, Kant- und Hohlprofilen gefertigt und bildet eine tragende Röhre. Bei vier Fahrzeugen wurde der Wagenkasten geschweißt, bei einem Fahrzeug gepunktet. Die Heckpartien sind eckig ausgeführt und korrspondieren mit dem Heck der Gelenktriebwagen. Die Dachvouten sind hochgezogen, die großflächigen Fenster sind rahmenlos in die Seitenwand eingeklebt. Die Innenlagerdrehgestelle weisen Rahmen in geschweißter Hohlträgerkonstruktion auf. Die Primärfederung erfolgt über Megi-Achsfedern, die Sekundärfederung über Gummirollfedern mit parallel angeordneten Schwingungsdämpfern. Drei elektromechanisch angetriebene GFK-Doppelfalttüren mit großem ovalen Türfenster in der Anordnung 1-2-1 (lichte Weite 650 bzw. 1300 mm) ermöglichen einen raschen Fahrgastwechsel. Die

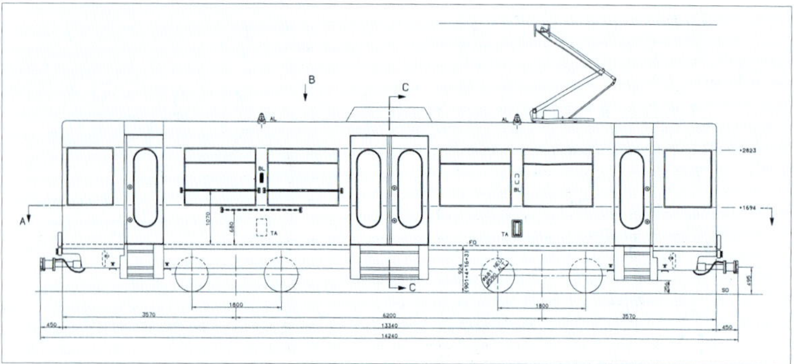

Wagenhöhe beträgt 924 mm (Trittstufenhöhe 290/210/210/214 mm). Das Fahrzeug weist lediglich 26 längs angeordnete Kunststoffschalensitze mit Polsterauflage auf (davon vier klappbar) und bietet großräumige Stellflächen.

Technische Daten

Radsatzfolge	2'2'
Länge ü.K.	14,24 m
Breite	2,30 m
Radstand im Drehgestell	1,80 m
Drehgestellmittenabstand	6,20 m
Sitzplätze	22+4
Baujahre	1998/99
Spurweite	1000 mm

LHB, MGB: Gelenktriebwagen mit Niederflurteil GT6-NF

Ein Braunschweiger Sechsachser aus dem Jahr 1977 wurde beim Mittenwalder Gerätebau nach dem Vorbild der Umbauwagen für Brandenburg, Cottbus und Mülheim/Ruhr (siehe S. 76ff.) mit einem niederflurigen Kunststoff-Mittelteil in Wickelbauweise ausgerüstet.

Wegen der geplanten Umspurung von 1100 mm auf 1435 mm Spurweite will die Braunschweiger Verkehrs AG keine weiteren Straßenbahnwagen in der alten Spurweite neu beschaffen. Der Niederfluranteil des Wagenparks soll deshalb durch Umbaufahrzeuge gesteigert werden. Im Sommer 1998 wurde der unfallbeschädigte Jakobsgelenktriebwagen 7762 nach Mittenwalde gebracht. Anfang Januar 2000 traf das mit einem Niederflur-Mittelteil versehene Einrichtungsfahrzeug wieder in Braunschweig ein. Dort erhielt es die neue Wagennummer 0051. Bei erfolgreichem Einsatz sollen weitere Fahrzeuge des Typs „Mannheim“ (Serie 7751-7761; LHB 1977) nachgerüstet werden.

Bei dem Umbau entfiel das mittlere Laufdrehgestell. Die Gelenke sind nun schwebend aufgehängt. Unter dem neuen Mittelteil sind zwei zweirädrige Losradlaufwerke des Herstellers Fiat angeordnet. Der Raddurchmesser beträgt 580 mm (neu) gegenüber 670 mm (neu) in den Triebachsen. Entsprechend dem Knickwinkel der Gelenke werden die Losradlaufwerke über Lenkstangen radial geführt. Der 7,65 m lange Wagenkasten ist aus Faserverbundstoff in Wickeltechnik gefertigt. Im Unterschied zu den DUEWAG-Doppelfalttüren in den Endwagen wurde im Mittelteil eine doppelflügelige Schwenkschiebetür eingebaut. Die Einstieghöhe im Niederflurbereich beträgt 300 mm, die Bodenhöhe 350 mm.

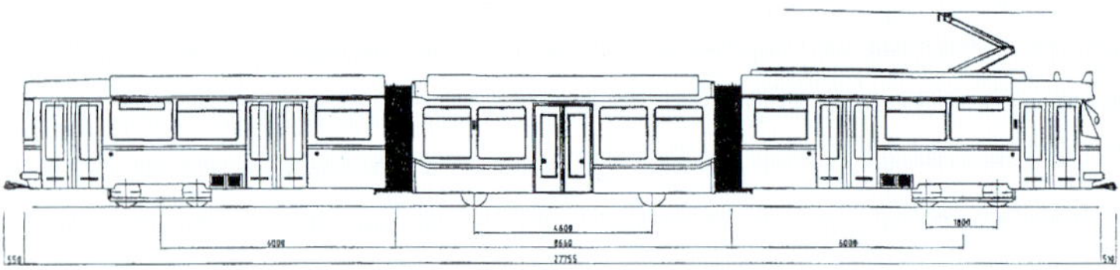

Für Rollstullfahrer wird eine ausfahrbare Rampe nachträglich eingebaut. 17 Sitzplätze wurden im Mittelwagen vorgesehen. Sie sind in Abteilform angeordnet, während die Sitze in den Endwagen in Fahrtrichtung eingebaut sind. Tür- und Seitenfenster wurden im Niederflurbereich stark herabgezogen. Zwei Stufen führen in die 890 mm hohen Endwagen. Dort wurden die Wand- und Deckenverkleidungen, die Sitze, Haltestangen und Fußböden nach dem Vorbild des Mittelwagens erneuert. Außerdem wurde die Rollbandanlage für die Linien- und Zielbeschilderung durch eine Matrixanzeige ersetzt.

Der handgesteuerte Triebwagen erhielt eine neue IGBT-Gleichstromstellersteuerung der Firma Kiepe, die eine Rückspeisung von Bremsenergie in die Fahrleitung ermöglicht. Neben der Widerstandsbremse stehen die über Federspeicher bzw. Solenoid betätigte Scheibenbremse sowie die Schienenbremse zur Verfügung. Die Höchstgeschwindigkeit beträgt 65 km/h.

Technische Daten

Radsatzfolge	B'+1'1'+B'
Länge	27,75 m
Breite	2,20 m
Radstand im Drehgestell	1,80 m
Abstand der Losradpaare	4,60 m
Eigenmasse	28,22 t
Sitzplätze	58
Stundenleistung	2 x 150 kW (600 V)
Baujahre	1977 (98/99)
Spurweite	1100 mm

Diverse: Gelenktriebwagen M6D-NF mit Niederflurteil

Auch in Stadtbahnwagen des Typs M werden die niederflurigen Kunststoff-Mittelteile in Wickelbauweise erfolgreich eingebaut. Premiere hatte am 17. April 1997 der entsprechend verlängerte Gelenktriebwagen 282 in Mülheim an der Ruhr.

Die Umrüstung des Mülheimer M6-Wagens dient einerseits der Komfortsteigerung, andererseits der Kapazitätserweiterung, denn das Platzangebot des solo verkehrenden Fahrzeuges wird dadurch deutlich gesteigert: 56 Sitzplätze gegenüber früher 36, 89 Stehplätze gegenüber 65 (bei 4 Pers./m^2). Der Umbau kostete rund 1 Mio. DM. Elf M6D sollen entsprechend nachgerüstet werden. Hingegen entschied sich die Bochum-Gelsenkirchen er Straßenbahn gegen einen entsprechenden Umbau ihrer 55 M6S- bzw. M6C-Wagen.

Aus dem früheren Drehgestellwagen wurde durch den Umbau ein Hybridfahrzeug: Unter den Endteilen befinden sich weiterhin konventionelle Triebdrehgestelle, unter dem Mittelteil nun die bekannten Losradlaufwerke von Fiat-SIG. Sie werden über den Knickwinkel der Gelenke mittels Lenkstangen radial angelenkt. Der aus Faserverbundwerkstoffen gefertigte Wagenkasten des Mittelteiles ist mit dem Untergestellrahmen verschraubt, worunter die Laufwerke befestigt sind. Die Hüllkurve veränderte sich durch den Umbau nur unwesentlich. Der Mittelwagen ist beidseitig mit einer doppelten Schwenkschiebetür ausgestattet; im Unterschied zu den Falttüren in den Endteilen sind ihre Türfenster nach unten herabgezogen. Anders als beim Cottbusser Umbauwagen (siehe S. 78) ist gegenüber dem Mitteleinstieg nur

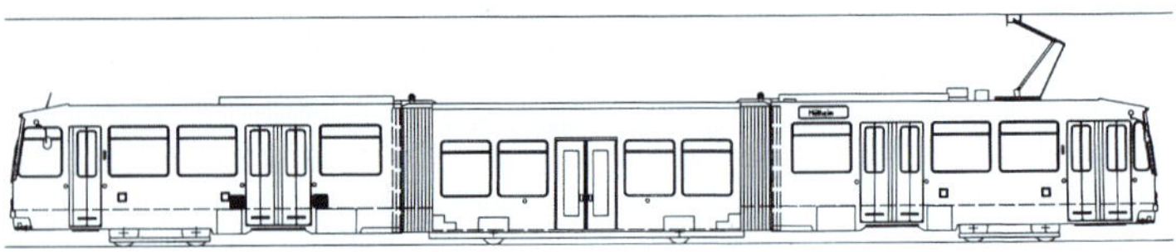

ein einfacher Abstellplatz vorgesehen. Die Inneneinrichtung im Niederflurteil entspricht derjenigen der Endteile (Quersitze in Abteilform); sie wurde jedoch im gesamten Fahrzeug modifiziert, um das Fahrzeug optisch hervorzuheben. Außen ist das Fahrzeug durch dynamische Streifen gekennzeichnet. Die Fußbodenhöhe im Mittelteil beträgt 350 mm; über drei Innenstufen werden die 880 mm hohen Endwagen erreicht. Anläßlich des Umbaues wurde die Rollbandbeschilderung durch ein IBIS-gesteuertes Informationssystem mit Matrixanzeige ersetzt.

Tw 282 diente bei Ablieferung als Probewagen für die neue Drehstromtechnik. Seine von Siemens gelieferte elektrische Ausrüstung blieb beim Umbau weitgehend unverändert. Die Motorisierung mit zwei 190-kW-Motoren erwies sich als ausreichend. Wesentlichste Veränderung war der Einbau eines statischen Umformers für die Hilfsbetriebe und eines Kompressors. Die Laufwerke sind mit je einer aktiven elektrohydraulischen Bremse ausgestattet.

Technische Daten

Radsatzfolge	B'+1'1'+B'
Länge	28,34 m
Breite	2,30 m
Radstand im Drehgestell	1,80 m
Abstand der Losradpaare	4,60 m
Eigenmasse	35,2 t
Sitzplätze	56
Stundenleistung	2 x 190 kW (750 V)
Baujahre	1978 (97)
Spurweite	1000 mm

Diverse: Gelenktriebwagen mit Niederflurteil KTNF6

Großes Aufsehen erregte zur Jahreswende 1995/96 der erstmalige Einbau eines niederflurigen Mittelwagens in einen Cottbusser Tatra-Kurzgelenktriebwagen des Typs KT4D. Auch Brandenburg an der Havel führte ein entsprechendes Umbauprogramm durch.

Der bewährte Typ KT4D (siehe Bd. 1, S. 72-75) entspricht in puncto Komfort nicht mehr den heutigen Erfordernissen. Die Schweizer Hersteller Schindler und Fiat-SIG entwickelten eine kostengünstige Modernisierungslösung: einen leicht gebauten Niederflur-Mittelwagen mit Losradlaufwerken, der beim Mittenwalder Gerätebau (MGB) eingebaut wird.
Die Erprobung des ersten Umbauwagens 172 (ex Erfurt 555) verlief sehr erfolgreich.
Daraufhin wurden bis Ende 1998 insgesamt 28 KTNF6 aus KT4D der Serie 1-71 umgebaut. Gegenüber einer KT4D-Doppeltraktion reduziert sich das Platzangebot allerdings von 212 auf 145 (4 Stehplätze/m²).

Erstmals wurde ein Gelenkwagen mit frei schwebendem Mittelgelenk um ein Niederflurteil erweitert. Der über Gelenke 8,87 m lange Mittelwagen läuft auf zweirädrigen Losradlaufwerken von Fiat-SIG, die in U-Form gekröpft sind. Zur radialen Einstellung der Räder wird der Knickwinkel der Gelenke über eine Lenkstange auf die Achsbrücken übertragen. Bei Bogenfahrten übernimmt der Mittelwagen die Führung. Besonders kleine Räder von 575 mm Durchmesser (neu) kommen zur Anwendung. Anstatt aus Stahl/Aluminium ist das Mittelteil aus Faserverbundwerkstoffen im Wickelverfahren hergestellt. Der Kunststoff-Wagenkasten ist fest mit dem Untergestellrahmen verschraubt. Der Niederfluranteil

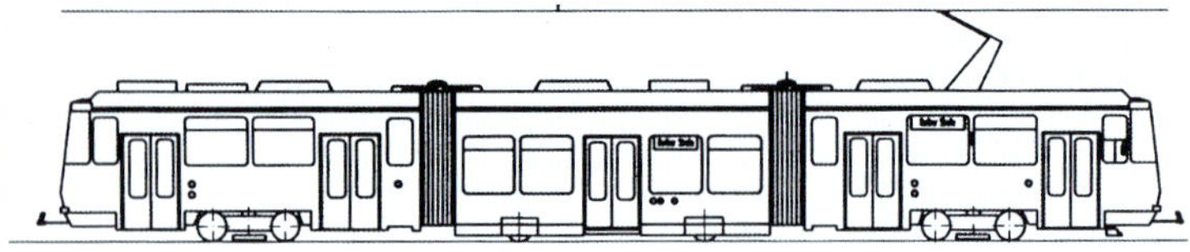

beträgt 30 %, die Einstiegshöhe 300 mm bei einer Fußbodenhöhe von 350 mm. Gegenüber dem Niederflureinstieg wurde eine geräumige Stellfläche vorgesehen. Über drei Innenstufen wird der 900 mm hohe Hochflurteil erreicht. Eine ausfahrbare Rampe erleichtert Rollstuhlfahrern den Zugang. Das Mittelteil ist mit einer doppelten Außenschwingtüre von 1350 mm lichter Weite ausgestattet, wie sie im Zuge einer früheren Modernisierung auch in den anderen Wagenteilen vorgesehen worden waren. Damals waren auch Drehgestell-Primärfederung, statische Umformer, elektrisch betätigte Stromabnehmer und IBIS-gesteuerte Informationseinrichtungen eingebaut und der Innenraum modernisiert worden.

Gleichzeitig mit dem Niederflurmittelteil wurden stärkere Motoren der Firma PAMO, Bitterfeld, und eine energieeinsparende IGBT-Gleichstromstellersteuerung von Kiepe eingebaut, die unter dem Heckteil untergebracht ist. Neben der generatorischen Bremse sind elektrohydraulische Scheibenbremsen mit Gleitschutzeinrichtung (im Bereich des Losradpaares) und Schienenbremsen vorhanden.

Technische Daten

Radsatzfolge	Bo'+1'1'+Bo'
Länge	26,77 m
Breite	2,18 m
Radstand im Drehgestell	1,90 m
Abstand der Losradpaare	4,60 m
Eigenmasse	31,06 t
Sitzplätze	52+2
Stundenleistung	4 x 54 kW
Baujahre	1978-90 (95-98)
Spurweite	1000 mm

DÜWAG/DUEWAG: Jakobsgelenk-Tw mit Niederflurteil GT8-NF

Als einziger deutscher Straßenbahnbetrieb rüstete Mannheim Gelenkwagen der sechziger Jahre mit zusätzlichen Niederflurmittelteilen aus. Die achtachsigen Umbauwagen werden durch eine grün/weiße Lackierung gekennzeichnet. Der Niederfluranteil beträgt rund 10 Prozent.

In den Jahren 1991/92 wurden 23 sechsachsige Einrichtungs-Gelenkwagen der Baujahre 1962-64 (Nr. 351...434) mit neu erbauten Niederflur-Mittelteilen und einem zusätzlichen Jakobsdrehgestell mit Gelenkverbindung versehen. Die Umbauwagen wurden in die Nummernserie 501-523 eingruppiert.

Der Wagenkasten ist in selbsttragender, geschweißter Stahlleichtbauweise erstellt. Die Kopfform mit nach hinten zurückfallender, zweigeteilter Stirnscheibe ist dem amerikanischen PCC-Wagen entlehnt.
Der Portalrahmen der Gelenkverbindung ist starr mit dem Wiegebalken des Laufdrehgestelles, das Portal über Gummiprofile mit den Wagenhälften verbunden. Dadurch konnte auf Faltenbälge verzichtet werden; es entsteht der Eindruck eines ungeteilten Wagens. Beide Wagenhälften können horizontale wie vertikale Bewegungen gegeneinander ausführen. Gummigefederte Radsätze, Megifederung gegenüber dem Drehgestellrahmen und reibungsfreie Kastentragfedern mit Ölstoßdämpfern bewirken einen ruhigen Lauf.
Der Wagenkasten ruht auf Kugelrollkränzen. Vier Doppelfalttüren mit elektromotorischem Antrieb sind vorgesehn. Innen finden sich dreireihige Quersitze in Fahrtrichtung. Der Führerstand ist nicht abgetrennt. Das rund 6 Meter lange Niederflur-Mittelteil weist

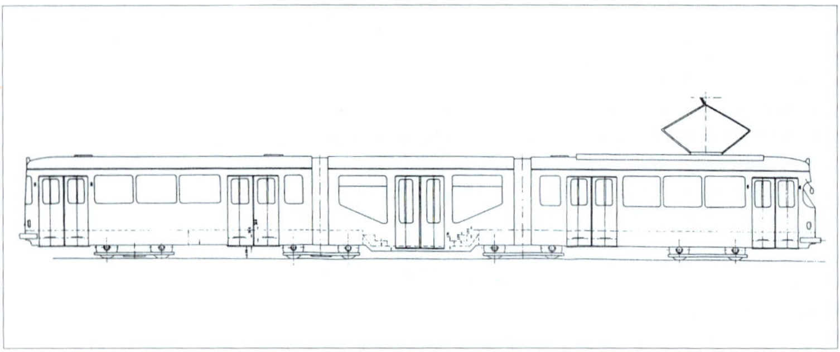

eine Fußbodenhöhe von 353 mm auf; der Hochflurteil ist 889 mm hoch.

In den Triebdrehgestellen (vorne und hinten) werden beide Achsen von einem längsliegenden Doppelflanschmotor über zwei Kegelradgetriebe angetrieben (DÜWAG-Tandemantrieb). Motor und Getriebe ruhen mittels eingebauten Gummikupplungen voll abgefedert auf den Achsen und bilden eine starr verbundene Einheit. Die Fahrzeuge verfügen über einen von BBC entwickelten Winkelfahrschalter mit über Gelenkwelle angetriebenem Nockenschaltwerk, das sich unter einer Sitzbank befindet. Neben der generatorischen Bremse sind eine elektromagnetisch gesteuerte Scheibenbremse sowie Hand- und Magnetschienenbremse eingebaut. Das vordere Laufdrehgestell wurde beim Umbau in einen Achtachser mit einem Federspeicher ausgerüstet.

Technische Daten

Radsatzfolge	B'2'2'B'
Länge	25,66 m
Breite	2,20 m
Radstand im Drehgestell	1,80 m
Drehgestellmittenabst.	6,00-6,57-6,00 m
Eigenmasse	ca. 26 t
Sitzplätze	54
Stundenleistung	2 x 120 kW (600 V)
Baujahre	1962-64 (91/92)
Spurweite	1000 mm

MAN, DÜWAG, MGB: Jakobsgelenk-Tw mit Niederflurteil N8S-NF

Im Unterschied zu den Mülheimer M6D-NF-Umbauwagen (siehe S. 76) handelt es sich bei der niederflurigen Erweiterung der Nürnberger N6S-Stadtbahnwagen um eine konventionelle Lösung auf Jakobsdrehgestellen.

Die Nürnberger N6S-Wagen Nr. 361-372 waren 1976 aufgrund eines günstigen Angebotes des Herstellers DÜWAG unter Einbeziehung der ortsansässigen Waggonbaufirma MAN (Drehgestelle, Gelenke, Endmontage) beschafft worden.
Als Zweirichtungswagen ohne Möglichkeit des Einsatzes in Zugsteuerung erwiesen sich die Sechsachser für Nürnberg jedoch als zu klein. 1991 wurde eine Kapazitäts- und zugleich Komfortsteigerung unternommen, indem zwölf Niederflurmittelteile in Auftrag gegeben wurden. Deren Rohbaukorrosserien wurden im Auftrag der DUEWAG beim Mittenwalder Gerätebau GmbH (MGB) hergestellt. Über ein zusätzliches Jakobsdrehgestell und Mittelgelenk wurden die N6S-Wagen zu Achtachsern erweitert und erhielten die neue Typenbezeichnung N8S-NF. Der Niederfluranteil beträgt rund 10 Prozent; das Platzangebot wurde um 21 Prozent gesteigert.

Das mittlere C-Teil ist in konventioneller Stahlbauweise erstellt und besteht aus fünf Baugruppen, die eine hohe Kontur- und Formstabilität verleihen. Mit 6,4 m Länge ist es um 200 mm länger als ein konventionelles C-Teil.
Der Mittelwagen ist teilweise niederflurig ausgeführt und besteht aus einer 280 mm hohen Einstiegsplattform und einem 880 mm hohen Hochflurteil. Er wird über eine DUEWAG-Doppelfalttür

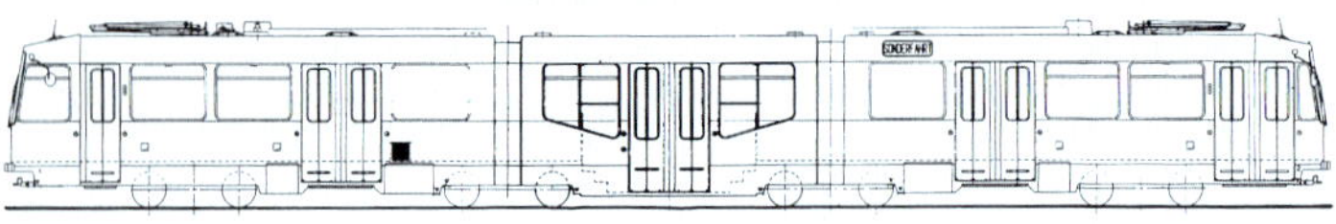

(mit elektromechanischem Antrieb) betreten. Ein geräumiger Auffangraum bietet Platz für zwei Kinderwagen sowie jeweils drei nebeneinander angeordnete Quersitze. Der Hochflurbereich in Gelenknähe wird über drei Innenstufen erreicht. Dort finden sich ebenfalls je drei Quersitze. Die beiden Seitenfenster im C-Teil sind im unteren Bereich abgeschrägt, um auf den Niederflureinstieg aufmerksam zu machen.

Die Motorisierung konnte unverändert beibehalten werden. Das zusätzlich eingebaute Laufdrehgestell wird nicht gebremst.
Folgende Bremseinrichtungen sind vorhanden: als Betriebsbremse die generatorische Bremse, als Ergänzungs- und Ersatzbremse eine zweistufige elektrohydraulische Federspeicherbremse in beiden Triebdrehgestellen, eine stufenlose elektrohydraulische Federspeicherbremse in einem Laufdrehgestell sowie als Notbremse die elektromagnetsiche Schienenbremse.

Technische Daten

Radsatzfolge	B'2'2'B'
Länge	26,06 m
Breite	2,30 m
Radstand im Drehgestell	1,80 m
Drehgestellmittenabst.	6,20-6,40-6,20 m
Eigenmasse	36,1 t
Sitzplätze	51
Stundenleistung	2 x 125 kW
Baujahre	1976/77 (91)
Spurweite	1435 mm

CKD: Gelenktriebwagen mit Niederflurteil KTNF8

Gera entschied sich bei der niederflurigen Erweiterung von KT4D-Kurzgelenkwagen gegen die MGB-Lösung (Kunststoffbauweise, Losradlaufwerke), sondern für ein von CKD entwickeltes Umbaukonzept (Stahlbauweise, Kleinrad-Laufdrehgestelle).

Seit 1993 werden die KT4D des Geraer Verkehrsbetriebes modernisiert. Nacheinander wurden die Sitze und die äußeren Informationseinrichtungen, das innere Erscheinungsbild und die Beleuchtungsanlage sowie die inneren Informationseinrichtungen und der elektrische Teil erneuert (Typ KT4DM). Ein Teil der Triebwagen erhielt darüber hinaus elektronische Gleichstromstellersteuerungen (Typ KT4DMC). Hiervon sollen insgesamt zehn Triebwagen zu KTNF8 erweitert und jeweils mit einem KT4DMC im Zugverband eingesetzt werden. Von der durchgehenden Stahlbauweise verspricht sich der Verkehrsbetrieb eine kostengünstige Wartung, von den Laufdrehgestellen bessere Laufeigenschaften im Vergleich zu Losradlaufwerken. Der Prototyp 349 wird seit Juni 1999 im Liniendienst eingesetzt.

CKD Praha entwickelte einen 7,5 Meter langen, niederflurigen Mittelwagen. Es handelt sich um eine aus einem Grundrahmen und zusammengeschweißten Profilen bestehende Stahlkonstruktion. Darauf wurde eine zugeschweißte, vorgespannte Beblechung angebracht. Die neugebauten Gelenke entsprechen dem CKD-Typ RT6N. Im Unterschied zum Typ KT4D können sie nun gegeneinander einknicken. Die von ALSTOM LHB gelieferten Kleinrad-Laufdrehgestelle mit einem Raddurchmesser von 410 mm (neu) entsprechen dem Typ Darmstadt/Magdeburg (siehe S. #). Sie können um maximal 12,5 Grad ausdrehen. Die Primärfederung be-

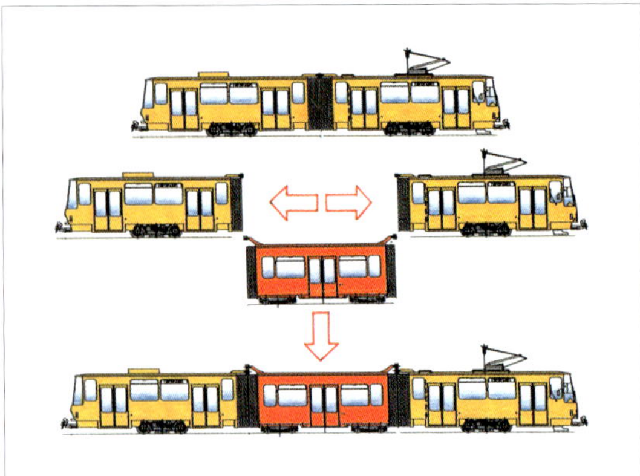

steht aus gummielastischen Verbindungen und Konusfedern, die auch die Anlenkung der Drehgestelle übernehmen. Als Sekundärfederung sind Schubgummiringe und Schraubenfedern sowie Hydraulikdämpfer vorhanden. Eine doppelflügelige Außenschwingtür von 1200 mm lichter Weite führt in den Niederflurbereich. Für Rollstuhlfahrer ist eine ausklappbare Rampe eingebaut. Gegenüber der Tür ist ein großzügiger Auffangraum mit drei Klappsitzen vorgesehen. Außerdem wurden im Mittelteil 20 feste Sitze vorgesehen. Die Bodenhöhe beträgt 360 mm. Zum 900 mm hohen Hochflurteil müssen zwei Stufen überwunden werden.

In den Triebdrehgestellen wurden stärkere Motoren eingebaut. Die elektrische Ausrüstung ist im hinteren Endwagen angeordnet. Ein IGBT-Pulswandler dient zur Steuerung der Fahrmotoren. Neben der gemischten Widerstands- und Nutzbremse sind Federspeicher-Scheibenbremsen (Triebdrehgestelle) bzw. hydraulisch gesteuerte, außenliegende Wellenbremsscheiben (Laufdrehgestelle) sowie Magnetschienenbremsen vorhanden.

Technische Daten

Achsfolge	Bo'+2'2'+Bo'
Länge	25,61 m
Breite	2,18 m
Radstand (Triebdrehgestell)	1,90 m
Radstand (Laufdrehgestell)	1,20 m
Drehzapfenabstand (Mittelwagen)	4,50 m
Leergewicht	29,8 t
Sitzplätze	54
Stundenleistung	4 x 54 kW (600 V)
Baujahre	1990 (98/99)
Spurweite	1000 mm

LHB: Gelenktriebwagen mit Niederflurteil GTE

Als erster deutscher Betrieb nahm Würzburg im Jahre 1989 Gelenkwagen mit einem niederflurigen Einstieg in Betrieb. Wegen der Steigung von 91 Promille auf der Neubaulinie 5 zum Heuchelhof sind alle Achsen der achtachsigen Fahrzeuge angetrieben.

Die vierzehn Gelenkwagen des Typs GTE tragen die Betriebsnummern 201-214. Die vergrößerte Wagenbreite von 2,40 m folgte den Empfehlungen des VÖV. Der Niederfluranteil beträgt rund 10 Prozent.

Die Einrichtungsfahrzeuge entsprechen konstruktiv dem „Typ Freiburg“: ein vierachsiger Mittelwagen, auf den an beiden Enden jeweils ein zweiachsiger Endwagen aufgesattelt ist. Die Gelenke sind schwebend ausgeführt und ermöglichen eine schnelle Trennung der Kastenteile. Der Wagenkasten ist in Stahlleichtbauweise mit umlaufendem Rammschutz gefertigt. Die Seitenwände sind im Gelenkbereich eingezogen. Die Schürzen sind nach unten herabgezogen und im Bereich der Fahrwerke aufklappbar. Die zusammengeschweißten Triebdrehgestelle sind in Hohlträgerkonstruktion mit H-förmigem Rahmen ausgeführt. Megifedern übernehmen die Radsatzanlenkung und Rahmenfederung; der Wagenkasten ist über Gummi-Rollfedern in Querpendelaufhängung mit parallel angeordneten Schwingungsdämpfern abgefedert. Der Fahrgastwechsel erfolgt durch fünf elektromechanisch bediente Außenschwingtüren. Der Fahrgast betritt am 310 mm hohen Niederflureinstieg eine 5,41 m^2 große Stellfläche für Kinderwagen, Rollstühle, Traglasten etc.; hier sind auch vier Klappsitze vorgesehen. Über zwei Trittstufen und schräge seitliche Ram-

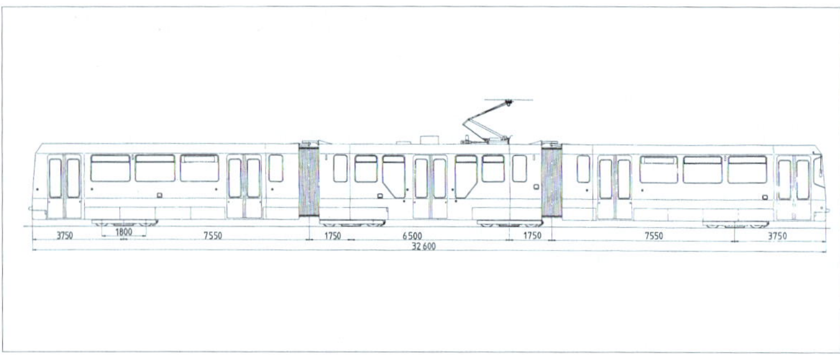

pen gelangt der Fahrgast in den 910 mm hohen Sitzbereich. Hier finden sich hintereinander angeordnete, dreireihige Quersitze mit Polsterauflagen. Der Führerstand ist abgetrennt; durch die Tür mit Fenster kann ein Fahrscheinverkauf durch den Fahrer erfolgen.

Antriebssteuergerät, (ASG), Bremssteuergerät (BSG) und Zentrales Steuergerät (ZSG) mit integrierten Fehlerspeichern sind in SIBAS-16-Mikroprozessortechnik ausgeführt. Jedes Drehgestell weist einen längsliegenden Fahrmotor mit angeflanschten Kegelrad-Hohlwellengetrieben auf, die beide Radsätze über Gummi-Gelenk-Kardankupplungen antreiben. Je zwei Fahrmotoren sind einem Gleichstromsteller mit GTO-Thyristoren zugeordnet. Zwei statische Umformer speisen das Drehstrom-Bordnetz. Die elektrische Ausrüstung ist in Geräteschränken im Fahrgastraum bzw. in Containern unter dem Wagenboden untergebracht. Neben der elektrodynamischen Bremse (mit verkreuzter Bremsschaltung) dient die stufenlos regelbare, auf alle Achsen wirkende elektrohydraulische Federspeicher-Scheibenbremse als vollwertige zweite Betriebsbremse. Zusätzlich ist die Magnetschienenbremse vorhanden.

Technische Daten

Radsatzfolge	B'+B'B'+B'
Länge	32,60 m
Breite	2,40 m
Radstand im Drehgestell	1,80 m
Drehgestellmittenabst.	7,55-6,50-7,55 m
Eigenmasse	40,0 t
Sitzplätze	74+4
Stundenleistung	4 x 189 kW (750 V)
Baujahre	1988/89
Spurweite	1000 mm

DUEWAG: Gelenktriebwagen mit Niederflurteil GT8N

Entsprechend dem Würzburger Vorbild nahm Freiburg im Breisgau 1990 eine Serie von zwölf allachsgetriebenen Achtachsern mit niederflurigem Einstieg im Mittelteil in Betrieb. Der Niederfluranteil beträgt rund 10 Prozent.

Sowohl in ihrer äußeren Gestaltung wie in ihren Abmessungen entsprechen die Freiburger GT8N-Wagen Nr. 221-231 den hochflurigen GT8-Wagen Nr. 205-214 des Baujahres 1981 (vgl. Band 1, S. 116).

Der Wagenkasten besteht aus einer selbsttragenden Stahlleichtbaukonstruktion mit einem geschweißten Gerippe aus Walz- und Kantprofilen. Der Mittelwagen ist als Vierachser ausgebildet, auf den Vorder- und Hinterwagen aufgesattelt sind. Durch diese Anordnung wird die Hüllkurve besser ausgenutzt. Äußerlich sind die Freiburger GT 8 entsprechend dem „Typ Mannheim" gestaltet (zur Dachlinie hochgezogene Seitenfenster, nach unten herabgezogene Türfenster). Fünf elektromechanisch angetriebene DUEWAG-Doppelfalttüren verschließen die rechte Wagenseite. Im Hochflurteil beträgt die Fußbodenhöhe 910 mm, im Niederflurteil 270 mm. Letzterer ist damit um 40 mm tiefer als das Würzburger Pendent. Im Unterschied zur Würzburger Lösung ist der in den Hochflurteil führende Übergang nicht gegenüber dem Niederflureinstieg, sondern links und rechts davon in der Form angewinkelter Treppen mit je vier Stufen angeordnet. Gegenüber des Mitteleinstieges sind sechs Längssitze vorgesehen. Im Hochflurbereich sind vorwiegend dreireihige Abteilquersitze eingebaut; gegenüber dem vorderen Einstieg findet sich eine Längsbank.

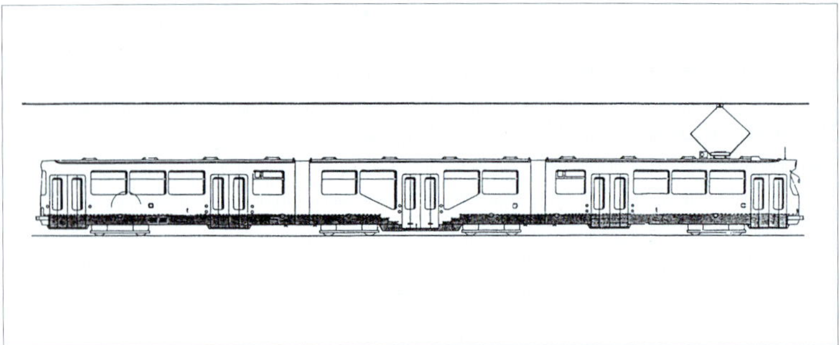

Der Führerstand ist vom Fahrgastraum abgetrennt.

Wegen diverser Steigungen und Rampen im Freiburger Netz wurde wieder Allachsantrieb vorgesehen: Alle vier Drehgestelle werden von je einem längsliegenden ABB-Motor angetrieben. Die Triebwagen sind mit ABB-Gleichstromstellersteuerungen mit automatischer Feldschwächung ausgestattet. Je zwei Fahrmotoren werden von einem Gleichstromsteller gesteuert. Das Schaltungskonzept wurde dem Stadtbahnwagen B bzw. M/N entlehnt. Die Wagen verfügen damit über zwei voneinander unabhängige Antriebssysteme. Pro Einheit sind zwei Wagensteuergeräte mit Diagnosesystem vorhanden. Auch wurde ein rotierender Eigengehäuse-Umformer eingebaut. Die Fahrzeuge erhielten wieder einen Scherenstromabnehmer, der sich als weniger störanfällig als der bei der Vorgängerserie verwendete Einholmstromabnehmer erwiesen hat. Er ist vorne auf dem A-Teil montiert. Als Betriebsbremse dient die generatorische Bremse, als Feststellbremse die elektrohydraulische Federspeicherbremse mit einer Bremsscheibe pro Fahrwerk, als Zusatzbremse die Magnetschienenbremse.

Technische Daten

Radsatzfolge	B'+B'B'+B'
Länge	32,85 m
Breite	2,30 m
Radstand im Drehgestell	1,80 m
Drehgestellmittenabs.	9,78/6,20/9,78 m
Eigenmasse	38,5 t
Sitzplätze	84
Leistung	4 x 150 kW (750 V)
Baujahr	1990
Spurweite	1000 mm

DUEWAG: Niederflur-Gelenktriebwagen GT8D-MNZ

Gegenüber dem Vorgängertyp GT8N (siehe S. 80) konnte beim Freiburger Niederflurwagen der zweiten Generation der Niederfluranteil von rund 10 auf 48 Prozent gesteigert werden. Neu waren auch die Zweirichtungsbauweise und die Drehstromantriebstechnik.

Die Inbetriebnahme der 26 GT8D-MNZ-Wagen in den Jahren 1993/94 ermöglichte die weitgehende Ausmusterung der fassungsschwachen GT4-Wagen. Die Niederflurwagen tragen die Betriebsnummern 241-266.

Das konstruktive Prinzip des „Typs Freiburg" wurde beibehalten: Vierachsiger Mittelwagen, aufgesattelte zweiachsige Endwagen, Allachsantrieb. Der in Stahlleichtbauweise aus zusammengeschweißten Walz-, Kant- und Hohlprofilen gefertigte Wagenkasten bildet eine tragende Röhre. Die Beblechung ist auf das Gerippe geschweißt. Die Front wurde neu gestaltet: Panoramaverglasung mit geneigter Stirnscheibe, darüber ein großzügiger Linien-/Nummernkasten mit Rollbandbeschilderung, der nach dem Vorbild von Amsterdam und Zürich ausgeführt ist und auch aus der Ferne sehr gut zu erkennen ist. Triebdrehgestelle mit Einzelachsantrieben kamen zum Einbau. Durch Verschachtelung von Drehgestellquerträger, Wiegenträger und Wagenkasten-Hauptquerträger in Verbindung mit besonders klein ausgeführten Motoren konnte die Bauhöhe der Drehgestelle auf 320 mm zwischen den Rädern begrenzt und darüber eine Fußbodenhöhe von 560 mm erzielt werden. Megifedern übernehmen die Primär-, Schraubenfedern die Sekundärfederung. Auf beiden Wagenseiten sind je vier elektromechanisch betätigte DUEWAG-Doppelfalttüren vorgesehen. Sie

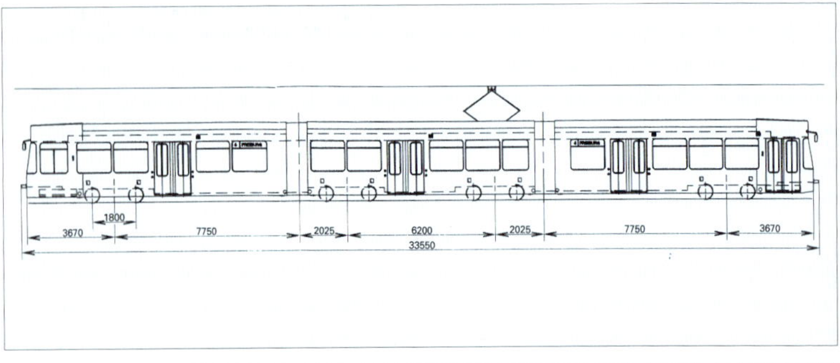

sind nicht gegenüber, sondern versetzt angeordnet. Im A- und B-Teil ist je ein Auffangraum für Kinderwagen, Rollstühle etc. freigehalten. Die vierreihigen, gepolsterten Quersitze sind in Abteilform angeordnet. Portalfreie Gelenke gewähren einen freien Blick durch das ganze Fahrzeug über die gesamte Wagenbreite. Im Niederflurbereich beträgt die Einstiegshöhe 290 mm, die Fußbodenhöhe beträgt 350 bzw. 560 mm (Drehgestellbereich). Zwischen Nieder- und Mittelflurteil ist eine Stufe zu überwinden. Der Fahrerraum ist durch eine Schutzwand mit Tür und Fenster abgetrennt; Fahrscheinverkauf durch den Fahrer ist möglich.

Die elektrische Ausrüstung wurde von ABB geliefert. Je zwei Bipolar-Transistor-Direktumrichter sind zusammen mit der Kühlwassergruppe in einem Dachcontainer zusammengefaßt. Pro Drehgestell sind zwei querliegende, wassergekühlte Asynchronmotoren mit angeflanschtem zweistufigen Stirnradgetriebe eingebaut. Sie treiben über Kardanhohlwelle die Radsätze an. Jedem Motor ist ein eigener Wechselrichter zugeordnet, je zwei Wechselrichtern eine eigene Steuerung. Eine auf dem Dach angeordnete, mikroprozessorgesteuerte MICAS-Antriebssteuerung wird verwendet. Betriebsbremse ist die generatorische Bremse, Feststellbremse die hydraulische Federspeicherbremse mit zwei Bremsscheiben pro Drehgestell. Hinzu tritt die Magnetschienenbremse.

Technische Daten

Radsatzfolge	Bo'+Bo'Bo'+Bo'
Länge	33,09 m
Breite	2,30 m
Radstand im Drehgestell	1,80 m
Drehgestellmittenabs.	9,78/6,20/9,78 m
Eigenmasse	38,5 t
Sitzplätze	84
Leistung	8 x 65 kW (750 V)
Baujahr	1993/94
Spurweite	1000 mm

GT8-100D

DUEWAG: Jakobsgelenk-Tw mit Mittelflurteil GT8-100D/M2SY

Für die im Mai 1997 neueröffneten Karlsruher Regionalstadtbahnlinien wurden weitere Zweisystem-Stadtbahnwagen beschafft. Wesentliche Neuerungen sind die von Adtranz gelieferte Drehstromantriebstechnik und die Verringerung der Bodenhöhe. Der Mittelfluranteil beträgt 35 %.

Die Gelenkwagen wurden ab 1997 abgeliefert und unter den Nr. 837-877 in Dienst gestellt. Bei den Tw 845-848 wurde im Mittelwagen ein Speiseabteil eingebaut; sie sind anstelle des üblichen Gelb/Rot/Grau durch eine abweichende weiß/rot/graue Lackierung und die Aufschrift „RegioBistro" gekennzeichnet.

Die Fahrzeuge entsprechen im wagenbaulichen Teil weitgehend dem Typ GT8-100C/2SY (siehe S. 66). Bug und Heck erhielten nun horizontal gekrümmte Frontscheiben. Krafteinleitungsplatten an den Stirnseiten bieten zusätzlichen Schutz vor Auffahrunfällen. Aufgrund der platzsparenden Drehstromantriebstechnik konnte der Wagenboden von 1000 mm auf 880 bzw. 890 mm, im A- und B-Teil zwischen den Drehgestellen und im Mittelteil auf 630 mm abgesenkt werden. Die Einstiegshöhe beträgt 580 mm und wird durch einen Schwenktritt auf 380 mm abgesenkt. An DB-Bahnsteigen überbrückt der Schwenktritt entstehende Lücken. Außerdem wurde der Achsabstand in den Trieb- und Laufdrehgestellen von 2,10 m auf 1,90 m verringert. Die Seitenfenster sind nicht mehr in Rahmen gelagert, sondern bündig in die Seitenwand eingeklebt. Die vierreihigen Quersitze sind in Abteilen (A- und B-Teil) bzw. hintereinander (C-Teil) angeordnet. Die Bistrowagen verfügen im C-Teil über eine Küche, eine Wasseranlage, Theken-

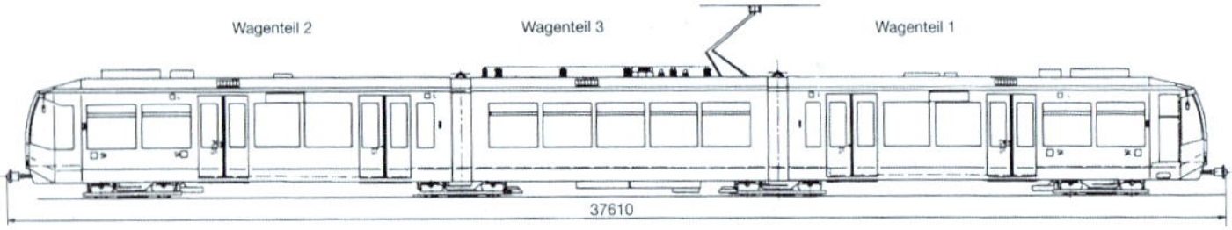

und Tischeinrichtungen, Beschallungs- und Klimaanlage, Toilette sowie über zusätzliche Panoramafenster im Dachvoutenbereich. Auch die jüngsten Tw 868-877 erhielten Panoramafenster.

Pro Triebdrehgestell treiben jeweils zwei querliegende, wassergekühlte Asynchronmotoren über ein zweistufiges Getriebe und eine zweigelenkige Hohlwellen-Keilpaketkupplung die Radsätze an. Getriebe und Motor bilden zusammen eine Einheit und sind über elastische Elemente am Drehgestell befestigt. Jedem der beiden Triebdrehgestelle ist ein Traktionswechselrichter zugeordnet. Er besteht aus zwei unabhängigen Stromrichterbaugruppen. Stromrichter und Fahrmotoren sind in einem geschlossenen Kühlsystem zusammengefaßt. Transformator und Gleichrichter sind platzsparend unter dem Boden des Mittelwagens angebracht. Das Mikroprozessorsystem MICAS-S übernimmt die Fahr-/Bremssteuerung und weitere Leitfunktionen. Betriebsbremse ist die generatorische Bremse (mit Rückspeisung von Bremsenergie ins Netz), Anhalte- und Feststellbremse die pneumatisch bediente Federspeicher-Scheibenbremse (in allen Drehgestellen eingebaut), Notbremse die Magnetschienenbremse. Die Fahrzeuge können mit den älteren Zweisystemfahrzeugen und den GT6/8-80C (Gleichstromstellersteuerungen) in Zugsteuerung verkehren.

Technische Daten

Radsatzfolge	Bo'2'2'Bo'
Länge	36,75 m
Breite	2,65 m
Radstand im Drehgestell	1,90 m
Drehgestellmittenabs.	10,10-9,77-10,10 m
Eigenmasse	59,8; 62,0 t
Sitzplätze	100; 85
Stundenleistung	4 x 127 kW (750 V)
Baujahre	1997-99
Spurweite	1435 mm

*) in Reihenfolge 837-844/849-877; 845-848

Bombardier: Gelenk-Tw mit Mittelflurteil S 1000

Wie die Karlsruher Regionalstadtbahn fährt auch die „Saarbahn" auf DB-Gleisen ins Umland. Das erste uneingeschränkt vollbahntaugliche Zweisystemfahrzeug gemäß EBO besitzt einen Mittelfluranteil von 48 Prozent.

Mit den Gelenkwagen 1001-1015 wurde am 25. Oktober 1997 der erste Abschnitt Saarbrücken/Ludwigstraße – Sarreguemines eröffnet. Ab Mitte 2000 folgte die Serie 1016-1028.

Der allachsgetriebene, achtachsige Zweirichtungswagen entspricht konstruktiv dem „Typ Freiburg": vierachsiger Mittelwagen, aufgesattelte zweiachsige Endwagen. Vom Hersteller wird er auch als „Tram-Train" bezeichnet. Die Seitenwände der A- und B-Teile sind als geschweißte Stahlträgergerippe mit aufgeklebten Aluminiumblechen, das mittlere C-Teil in Aluminiumbauweise ausgeführt. Die mit GFK verkleideten Kopfteile bestehen aus einem angeschraubten, geschweißten Stahlgerippe, das einem Pufferdruck von 60 t standhält. Das stählerne Untergestell ist mit den Seitenwänden vernietet. Das Dach ist durchgehend als Aluminiumrahmen mit aufgeklebten Stahlblechen ausgeführt. Die herabgezogenen Schürzen verdecken Drehgestelle und Kupplung. Die Drehgestelle entsprechen weitgehend den Triebdrehgestellen des Typs K4000 (siehe S. 124). Die Primärfederung erfolgt über Gummi-/Metallfedern, die Sekundärfederung über Spiralfedern mit hydraulischem Niveauausgleich. Im A- und B-Teil sind je vier elektromechanisch bediente Doppelschwenkschiebetüren mit Klapptritt sowie eine in der Schräge liegende Einfachtür mit Schiebetritt (vorne rechts) eingebaut. Die Fußbo-

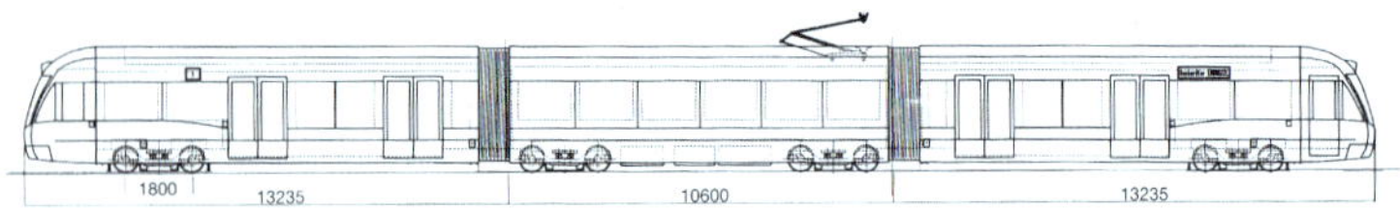

denhöhe beträgt im klimatisierten C-Teil 805 mm, an den Enden 600 mm, im Bereich der Doppeltüren 400 mm. Im Auffangraum zwischen den Doppeltüren sind nur wenige Quersitze eingebaut; sonst finden sich vierreihige Abteilquersitze. Die klimatisierten Führerstände sind durch eine Trennwand mit Zwischentür abgetrennt.

Kiepe Elektrik lieferte die 750-V-Gleichstrom-, Elin Antriebstechnik, Wien, die 15-kV-Wechselstromausrüstung sowie die automatische Systemwechselvorrichtung. Der Systemwahlschalter befindet sich auf dem Dach des C-Teiles; unter dessen Boden sind Stromrichter und Transformator angebracht. Ein wassergekühlter IGBT-Vier-Quadranten-Steller richtet die transformierte Wechselspannung auf 750 V Gleichstrom gleich. Pro Triebdrehgestell sind zwei querliegende Drehstrom-Asynchronmotoren eingebaut. Den beiden GTO-Direkt-Puls-Umrichtern auf dem Dach des A- und B-Teiles sind jeweils vier Motoren zugeordet. Die elektronische Steuerung ermöglicht einen Zugverband von bis zu vier Triebwagen. Alle Geräte sind, mit Ausnahme des ölgekühlten Transformators, wassergekühlt und in Containern untergebracht. Die generatorische Bremse wird ergänzt durch die hydraulische Scheibenbremse, die Federspeicherbremse und die Magnetschienenbremse. Unter Gleichspannung wie erstmals auch unter Wechselspannung kann Bremsenergie in die Fahrleitung rückgespeist werden.

Technische Daten

Radsatzfolge	Bo'+Bo'Bo'+Bo'
Länge	37,10 m
Breite	2,65 m
Radstand im Drehgestell	1,8 m
Eigenmasse	55,4 t
Sitzplätze	96
Stundenleistung	8 x 120 kW (750 V)
Baujahre	1997ff.
Spurweite	1435 mm

DÜWAG: Jakobsgelenk-Tw mit Niederflurteil GT10NC

Der Duisburger Gelenktriebwagen Nr. 1000 mit Niederflur-Mittelteil ist ein Einzelgänger. Im elektrischen wie mechanischen Teil diente er mehrfach als Erprobungsträger. Die eingebauten Verbesserungen bewahrten den Tw vor der Ausmusterung.

Die Geschichte dieses Fahrzeuges datiert zurück in das Jahr 1967: Als Nr. 60 wurde er damals von der DÜWAG abgeliefert und war Bestandteil der Serie 56-76 (=1056-1076). Es handelte sich um achtachsige „Anderthalbrichtungswagen": Die Fahrzeuge besaßen einen Hilfsführerstand am Heck und Nottüren auf der linken Wagenseite. Ab 1976 diente er als Erprobungsträger für die Gleichstromstellersteuerungen der Stadtbahnwagen Typ M/N und GT8NC-DU und erhielt 1985 seine heutige Wagennummer 1000. In den Jahren 1994/95 wurde er in einen echten Zweirichtungswagen umgebaut; Ende 1995 wurde hinter dem A-Teil versuchsweise ein selbst gefertigtes Niederflurteil eingebaut.

Der Wagenkasten wurde äußerlich den Stadtbahnwagen Typ GT8NC-DU (heute GT10NC-DU, siehe S. 98) angeglichen. So verschwand die charakteristische „DÜWAG-Front" mit nach hinten zurückfallender, zweigeteilter Stirnscheibe zugunsten einer einteiligen Stirnscheibe.
Zahlreiche Details unterscheiden ihn aber weiterhin, wie z.B. die unterschiedlichen Abmessungen, der separate Linien-/Zielkasten an den Fronten, die kleineren Seitenfenster und die abweichende Fenster- und Türanordnung.
Beide Fahrerkabinen sind komplett vom Fahrgastraum abgetrennt und verfügen über eine Lehreinrichtung, denn Tw 1000 verkehrt nicht nur im Linien-

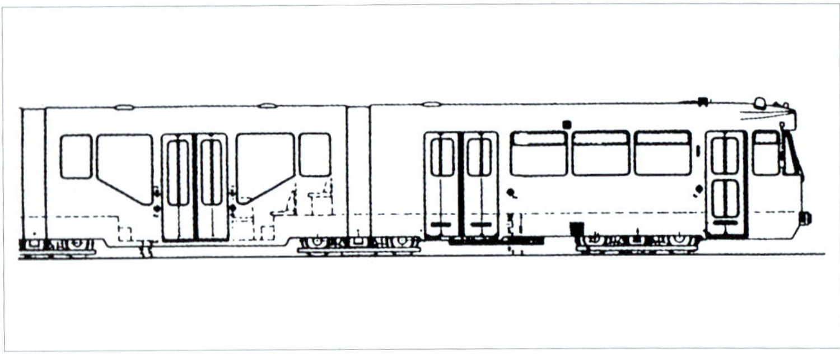

dienst, sondern auch als Fahrschulwagen. Gegenüber den Vordereinstiegen findet sich daher statt einer Längsbank ein Kontrollplatz für den Fahrlehrer. Im Unterschied zu den Serienwagen des Typs GT10NC-DU befinden sich zwischen Nieder- und Hochflurteil drei statt zwei Stufen.

Die Elektrik entspricht heute dem Typ GT10NC-DU: Zwei separate Gleichstromsteller steuern jeweils einen Antriebsmotor in einem Enddrehgestell. Die beiden Wagensteuergeräte sind im A- und B-Teil (vorne bzw. hinten) neben dem Gelenk angeordnet. Als Betriebsbremse dient die generatorische Bremse, als Halte-, Feststell- und Ersatzbremse die elektromechanische Federspeicherbremse (im Bereich der Laufdrehgestelle mit Gleitschutzeinrichtung), als Zusatzbremse die elektromechanische Schienenbremse. Tw 1000 ist mit Totmannschaltung und Linienzugbeeinflussung (LZB) für den automatischen Betrieb im Tunnel ausgerüstet.

Technische Daten

Radsatzfolge	B'2'2'2'B'
Länge	32,59 m
Breite	2,20 m
Radstand im Drehgestell	1,80 m
Drehgestellmittenabstand	6,00-7,00-6,50-6,00 m
Eigenmasse	36,2 t
Sitzplätze	55
Stundenleistung	2 x (750 V)
Baujahre	1967 (94/95)
Spurweite	1435 mm

DUEWAG: Jakobsgelenk-Tw mit Niederflurteil GT10NC-DU

Die vierteiligen Duisburger Stadtbahnwagen in Zweirichtungsbauweise wurden als dreiteilige Achtachser geliefert. Zwischen 1996 und 1998 wurden alle 45 Wagen durch Einfügen je eines Niederflurteiles zu vierteiligen Zehnachsern erweitert (Nr. 1001–1045).

Anläßlich der Inbetriebnahme des Innenstadttunnels am 11. Juli 1992 mußte der gesamte Wagenpark ersetzt werden, da sich der Einbau linksseitiger Türen und einer Linienzugbeeinflussung (LZB) nicht gelohnt hätte. Wegen der vorgegebenen Wagenbreite von 2,20 m kam der 10 cm breitere Typ N8 nicht in Betracht. Für Duisburg wurde daher der Typ GT8NC-DU konstruiert, der zudem eine niedrigere Bodenhöhe (780 mm gegenüber 880 mm beim N8) sowie eine besonders niedrige Eigenmasse (29,0 t gegenüber 34,0 t beim N8) realisierte. - Die Tw 1001-1005 gingen 1999/2000 nach Amsterdam.

Der GT10NC-DU unterscheidet sich im Querschnitt und in den Abmessungen deutlich vom N-Wagen, was insbesondere bei der Frontgestaltung deutlich wird. Der Wagenkasten besteht aus Stahlprofilen und Stahlblechen, die zu einer selbsttragenden Röhre verschweißt sind. A-Teil (vorne) und B-Teil (hinten) sind identisch ausgeführt. Der niederflurige D-Teil mit einer Fußbodenhöhe von 280 mm wurde hinter dem A-Teil eingebaut. Beidseitig sind vier doppelbreite DUEWAG-Falttüren von 1300 mm lichter Weite sowie jeweils vorne eine 950 mm weite Einfachfalttür vorgesehen. Im Unterschied zum N-Wagen wurde auf eine Hintertür verzichtet; die Türfenster sind nach unten herabgezogen. Die niedrige Fußbodenhöhe im Hochflurteil erforderte spezielle Drehgestelle, die

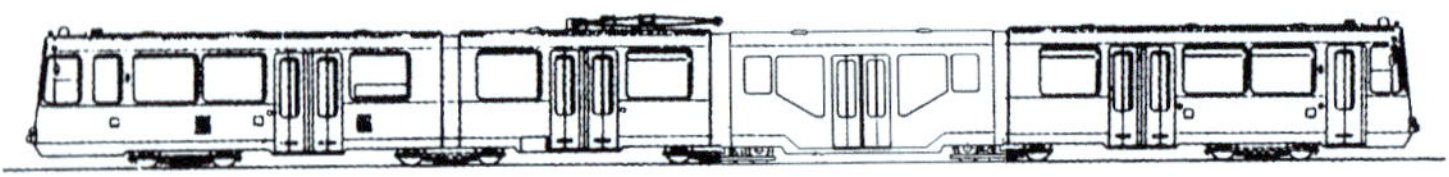

von der Waggon-Union, Siegen, bezogen wurden. Seitenwände und Gelenke sind innen mit GFK-Formteilen verkleidet. Dreireihige Abteilquersitze wurden vorgesehen, im A-, D- und B-Teil auch einige Längssitze. Zunächst wurden gepolsterte Sitze mit Kunstlederüberzügen eingebaut, ab Nr. 1025 Schalensitze. Zwischen Hoch- und Niederflurteil sind nur zwei Stufen zu überwinden. Der durch eine Rückwand abgetrennte Fahrerraum wird durch eine Zwischentür mit Zahlkasse und Fallschiebefenster erreicht.

Der GT10NC-DU ist als „All Electric Car" ausgeführt. Die beiden äußeren Drehgestelle sind mit je einem Reihenschlußmotor motorisiert (DUEWAG-Tandemantrieb). Jedem Antrieb ist ein unter dem Wagenboden plazierter Gleichstromsteller zugeordnet. Die beiden MICAS-Wagensteuergeräte sind im A- und B-Teil neben dem Gelenk untergebracht. Die generatorische Bremse dient als erste Betriebsbremse, die elektromechanische Federspeicherbremse als Not- und Ersatzbremse (Triebdrehgestelle) bzw. als Ergänzungsbremse (Laufdrehgestelle), die elektromagnetische Schienenbremse als Zusatzbremse. Die Fahrzeuge sind mit Totmannschaltung und LZB ausgerüstet.

Technische Daten

Radsatzfolge	B'2'2'2'B'
Länge	32,64 m
Breite	2,20 m
Radstand im Drehgestell	1,80 m
Drehgestellmittenabstand	6,20-7,00-6,20-6,20 m
Eigenmasse	35,4 t
Sitzplätze	62
Stundenleistung	2 x 185 kW (750 V)
Baujahre	1986-88, 91-93 (96/97)
Spurweite	1435 mm

Adtranz: Niederflur-Gelenktriebwagen GT6N; GT6N-ZR

Der zu 100 % niederflurige GT6N wurde von MAN entwickelt. Die Gelenksteuerung des rotationsbegrenzten Drehgestellwagens geht auf den Bremer GT4/GB4 zurück (siehe Bd. 1, S. 100f.). Die meisten GT6N beschaffte Berlin. Nur dort werden sie in Doppeltraktionen eingesetzt.

In Berlin laufen die Tw 1001-1105 (Einrichtungswagen) und 2001-2015 (Zweirichtungswagen; zwei Einholmstromabnehmer). Bestellt sind weitere 30 Fahrzeuge (Nr. 2016-2045).

Die drei Wagenkastenteile in selbsttragender Stahlleichtbauweise sind so weit als möglich baugleich ausgeführt. Die Schürzen sind herabgezogen und verdecken die Drehgestelle; an Bug und Heck sind Stoßverzehreinrichtungen angebracht. Die drei angetriebenen Drehgestelle werden asymmetrisch belastet (Adhäsion 66 %). In jedem Drehgestell sind ein nicht angetriebenes Losradpaar und ein torsionssteif verbundenes, angetriebenes Radpaar eingebaut. Die Gelenkpunktsteuerung erfolgt durch Nutzung der Sekundärfederung: Die Vollgummifedern sind mit dem Wagenkastenuntergestell und dem Drehgestellrahmen verschraubt; die seitlichen Federkräfte halten das Fahrzeug gestreckt. Beim Ausschwenken eines Drehgestelles in Kurven tritt ein Rückstellmoment auf, das den Gelenkpunkt relativ zur Gleisachse führt. Dieses Steuersystem beinhaltet kein zusätzliches Gewicht und arbeitet wartungs- und verschleißlos. Das Befahren von Bogenhalbmessern bis zu 15 m ist möglich. Die vier doppelten Außenschwenkschiebetüren liegen ausschließlich in der Geraden. Die Einstiegshöhe beträgt 300 mm, die Fußbodenhöhe 350 mm. Die Fahrgäste sit-

GT6N

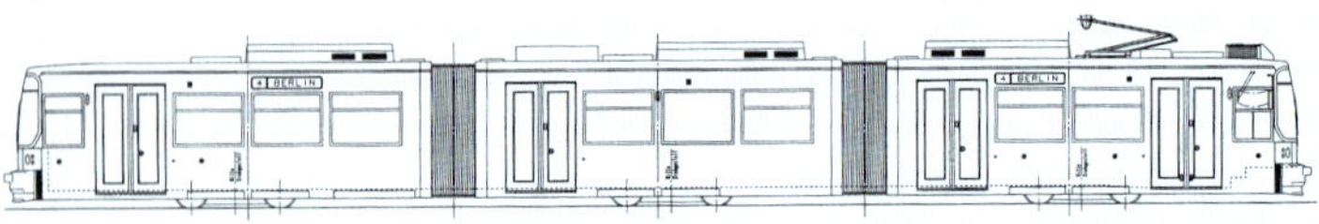

zen auf zwei- bzw. dreireihigen, gepolsterten Quersitzen, die überwiegend in Abteilen angeordnet sind. Im Mittelteil finden sich auch vier Längssitze. Bei den Tw 2001-2015 konnte der von den Radkästen begrenzte Sitzabstand von 500 mm auf 600 mm erweitert werden. Die Berliner GT6N fallen durch die auf dem Dach angebrachten Führerstandsklimaanlagen auf. Die Tw 2016-2045 werden zusätzlich Fahrgastraumklimaanlagen erhalten. Die Scharfenbergkupplungen können mittig eingeknickt und eingeklappt werden.

Jedes der baugleich ausgeführten Drehgestelle wird von einem längsliegenden, am Wagenkastenuntergestell elastisch befestigten Asynchron-Drehstrommotor über eine torsionssteife Kardanwelle und außenliegende Getriebe angetrieben. Die Radreifen haben Standarddurchmesser von 680 mm (neu). Für die drei Motoren sind drei Direkt-Puls-Wechselumrichter mit IGBT-Leistungsstellern auf dem Dach installiert. Zug- und Fahrzeugsteuergerät (ZFG) sind in 32-bit-Mikroprozessortechnik ausgeführt. Als Betriebsbremse dient die generatorische Bremse, als Anhalte- und Ergänzungsbremse die elektrohydraulische Federspeicher-Scheibenbremse, als Nothbremse die Magnetschienenbremse.

Technische Daten*

Radsatzfolge	(1A)'+(1'A)'+(A1)'
Länge	26,50; 26,80 m
Breite	2,30 m
Radstand im Drehgestell	1,85 m
Drehpunktabstand	8,60 m
Eigenmasse	30; 34 t
Sitzplätze	58; 47
Stundenleistung	3 x 100 kW (V)
Baujahre	1994-97; 98/99
Spurweite	1435 mm

*) in Reihenfolge GT6N; GT6N-ZR

Übersicht: GT4/6/8M/N-Niederflurwagen

Die konsequent modulare Bauweise ermöglicht die Ausführung in unterschiedlichen Wagenlängen sowie den nachträglichen Einbau von Zwischenmodulen. Als wesentliche Verbesserung gegenüber den Prototypen (GT6N Bremen 801, München 2701-2703) sind der Wegfall der Podeste, die Überarbeitung von Innenraum und Fahrerkabine sowie die Weiterentwicklung der elektrischen Ausrüstungen zu nennen. Von Anfang an wurden alle Fahrzeuge dieses Typs mit moderner wartungsarmer Drehstromantriebstechnik ausgerüstet. Bei einigen Betrieben bereitete die Spurführung des drehwinkelbegrenzten Drehgestellwagens in der Geradeausfahrt Schwierigkeiten. Das Problem wurde durch den Einbau von Sperrdifferentialen behoben.

Die zweite Generation zeichnet sich durch kostensparende Schnittstellenreduzierung im Mech-Teil bzw. zwischen Mech- und E-Teil, Standardisierung, Leichtbau von Werkstoffen, ein überarbeitetes Design, vergrößerte Sitzabstände sowie - in der vierteiligen Ausführung - durch einen zusätzlichen Knickschutz und einen mittigen Doppelgelenkübergang für Betriebe mit engen Gleisradien und S-Kurven aus.

Das Drehgestellkonzept wurde in die neue Fahrzeugfamilie „Incentro“ (siehe S. 132) eingebracht. Der herkömmliche GT4/6/8/10M/N-Niederflurwagen dürfte daher ein Auslaufmodell sein.

Flexibles Konzept: vom Bremer GT6N zum Jenaer GT6M-ZR (Bild)

Betrieb	Nummern	Typ	Baujahr	E-Ausrüstung	Bemerkungen
Augsburg	601	GT6M	1993	Siemens	Meterspur-Prototyp, ausgemustert
	601-611	GT6M	1995	Siemens	
Berlin	1001-1105	GT6N	1994-97	AEG bzw. Adtranz	
	2001-2045	GT6N-ZR	1998ff.	AEG bzw. Adtranz	
Braunschweig	9551-9562	GT8S-1100	1995	Siemens	Spurweite 1100 mm
Bremen	801 (= 3801)	GT6N	1989	Kiepe/ACEC	Normalspur-Prototyp, *1998 = Norrköping*
	3001-3078	GT8N	1993-95	Kiepe/GEC Alsthom	
Frankfurt/Oder	301-308	GT6M	1994/95	AEG	
Jena	601-619	GT6M-ZR	1995/96	AEG	
	(14 x)	GT6M-ZR	2001-03	Adtranz	
Kumamoto	*(5 x)*	*GT4N-ZR*	*1997ff.*	*Adtranz*	*Wagenkastenbau: Niigata*
Mainz	201-216	GT6M-ZR	1996/97	AEG	
München	2701	GT6N	1990	Siemens	Normalspur-Prototyp, 1999 = Norrköping
	2702-2703	GT6N	1991	Siemens bzw. AEG	Normalspur-Prototypen, 1999 Tw 2702 = Norrköping
	2101-2170	GT6N	1995-97	Siemens	
	2201-2220	GT8N	1999-01	Siemens	Alu-Kasten
Nürnberg	1001-1014	GT6N	1995-96	Siemens	
	1101-1126	GT8N	1998/99	Siemens	Alu-Kasten
Okoyama	*(1 x)*	*GT4N-ZR*	*2000*	*Adtranz*	*Incentro-Fronten; Wagenkastenbau: Niigata*
Zwickau	901-912	GT6M	1993	Siemens, AEG	

GT Gelenktriebwagen
M Meterspur
N Normalspur
ZR Zweirichtungsausführung
S Sonderschmalspur (1067 oder 1100 mm)
4 4 Radsätze
6 6 Radsätze
8 8 Radsätze
10 10 Radsätze

DUEWAG: Niederflur-Gelenktriebwagen NGT6C

Als erster deutscher Betrieb beschaffte Kassel 1990/91 eine größere Serie Niederflurwagen. Die von Prof. Frederich entwickelten, selbstlenkenden Einzelrad-Einzelfahrwerke (EEF) hatten dabei Premiere in einem Serienfahrzeug, allerdings nur in nicht angetriebener Form.

Die 1990/91 ausgelieferten Einrichtungs-Gelenkwagen 451-465 wurden 1994 um eine zweite Serie mit den Nr. 466-475 ergänzt. Davon gehören die Tw 474-475 der Kassel-Naumburger Eisenbahn, auf deren Trasse die Linie 5 nach Baunatal/Großenritte verlängert wurde. Der Niederfluranteil beträgt rund 70 Prozent.

Der Wagenkasten ist in Stahlleichtbauweise aus Walz-, Kant- und Hohlprofilen zusammengeschweißt und bildet eine tragende Röhre. Die Beblechung ist auf das Gerippe aufgeschweißt. Die Seitenfenster sind rahmenlos in die Seitenwand eingeklebt; ihre Brüstungen sind im Niederflurteil herabgezogen. Unter den aufgesattelten A- und B-Endteilen sind konventionelle Triebdrehgestelle mit Tandemantrieb vorgesehen. Die Rahmenfederung erfolgt über Metallgummifedern, die Wagenkastenabfederung über Schraubenfedern mit Flüssigkeitsdämpfern. Unter dem mittleren C-Teil ist ein nicht angetriebenes EEF-Paar angeordnet. Beide Räder eines EEF sind einzeln um eine Hochachse schwenkbar und durch eine Spurstange verbunden. Hydraulische Dämpfer zwischen Fahrwerksrahmen und Spurstange mindern die Radausschläge. Die tangentiale Radeinstellung erfolgt über die im Radaufstandspunkt wirkenden Kräfte. Vier doppelflügelige Außenschwingtüren (1300 mm lichte Weite) sowie eine Einfachtür vorne sorgen für

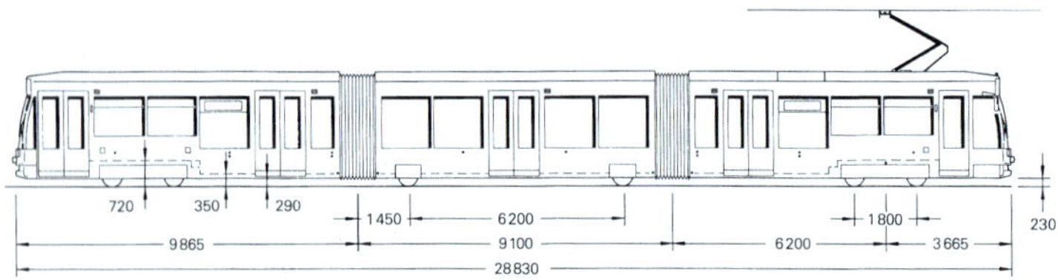

einen schnellen Fahrgastwechsel; sie werden elektromechanisch bedient. Die Einstiegshöhe beträgt 290 mm, die Fußbodenhöhe im Niederflurteil 350 mm, an den Wagenenden 720 mm. Zwei Innenstufen sind zwischen Nieder- und Hochflurteil zu überwinden. Die Fahrgäste sitzen auf dreireihigen Schalensitzen mit Polsterauflage; sie sind in Fahrtrichtung angeordnet. Die schwebenden, portalfreien Gelenke ermöglichen einen freien Durchblick über die ganze Wagenbreite. Der Führerstand ist halboffen ausgeführt.

In jedem Drehgestell ist ein längsliegender, fremdbelüfteter Siemens-Motor eingebaut, der beide Achsen antreibt. Jedem Fahrmotor ist ein Gleichstromsteller mit Feldschwächung zugeordnet. Die zwei Antriebssteuergeräte (ASG) und das Zentrale Steuergerät (ZSG) sind in SIBAS-16-Mikroprozessortechnik ausgeführt. Ein Steuer-Bus verbindet das ZSG mit der Ein-/Ausgabeeinheit. Statische Umformer versorgen das Drehstrom-Bordnetz. Als Betriebsbremse dient die generatorische Bremse, ergänzt durch eine elektrohydraulische Scheibenbremse (aktiv in den EEF, mit Federspeicher in den Triebdrehgestellen) und die Magnetschienenbremse.

Technische Daten

Radsatzfolge	B'+1'1'+B'
Länge	28,75 m
Breite	2,30 m
Radstand im Drehgestell	1,80 m
Abstand des EEF-Paars	6,20 m
Eigenmasse	30,2 t
Sitzplätze	80
Stundenleistung	2 x 180 kW (600 V)
Baujahre	1990/91; 94
Spurweite	1435 mm

Übersicht: NGT6/MGT6

Der Typ NGT6/MGT6 kombiniert ein konventionelles Triebdrehgestell im Hochflurbereich mit Einzelrad-Einzelfahrwerken (EEF) im mittleren Niederflurbereich. Der Niederfluranteil beträgt zwischen 50 und 70 Prozent. Nur Halle hat in jüngster Zeit diesen Typ nachbestellt. Kassel wählte als Nachfolger den Bombardier-Typ mit mittigen Kleinrad-Drehgestellen, Erfurt hat sich für den 100prozentigen Niederflurwagen „Combino" entschieden. Denn Drehgestelle oder Doppelfahrwerke sind dem EEF in puncto Laufeigenschaften klar überlegen.

Betrieb	Nummern	Typ	Ausführung	Hersteller	Baujahr	Bemerkungen
Bochum-Gelsenkirchen	401-442	MGT6D	Z	DUEWAG	1992-94	
Brandenburg	101-103	MGT6D	Z	DUEWAG	1995/96	
Erfurt	601-616	MGT6D	Z	DUEWAG	1994ff.	
Halle	500	MGT6D	Z	DUEWAG	1992	
	501	MGT6D	Z	DUEWAG	1994	
	601-650	MGT6D	Z	DWA/DUEWAG bzw. DWA/Siemens	1995-99	
	651-660	MGT6D	Z	Bombardier/ Siemens	2000/01	
Heidelberg*)	261-272	MGT6D	Z	DUEWAG	1994/95	
Kassel	451-465	NGT6C	E	DUEWAG	1990/91	
	466-473	NGT6C	E	DUEWAG	1994	
Kassel-Naumburger Eisenbahn	474-475	NGT6C	E	DUEWAG	1994	
Mülheim/Ruhr	201-204	MGT6D	Z	DUEWAG	1995	
Oberhausen	205-210	MGT6D	Z	DUEWAG	1995/96	
Rostock**)	651-680	6NGTWDE	E	DUEWAG, DWA	1994/95	

*) Front ähnlich wie Stadtbahnwagen M

**) A- und B-Teil verlängert

D Drehstromantrieb
E Einrichtungswagen
G Gelenk
M Meterspur
N Normalspur
T Triebwagen
Z Zweirichtungswagen
6 6 Radsätze

Übersicht: Variobahn

Die Variobahn ist als drei-, fünf- bzw. siebenteiliges Ein- oder Zweirichtungsfahrzeug mit einer Wagenbreite von 2,20 bis 2,65 m sowie in Normal- und Meterspurversion realisierbar. Bei den Seitenmodulen werden 1650 mm sowie 1700 mm lange Ausführungen angeboten. Auch sind abweichende Federsysteme möglich (z.B. sekundäre Luftfederung oder hydropneumatische Federung). Bei Verwendung konventioneller Achsquerantriebe unter den Endmodulen reduziert sich der Niederfluranteil von 100 auf rund 65 Prozent. Der Fahrzeugkopf kann entsprechend den Wünschen des Kunden individuell gestaltet werden. Folgende Betriebe haben Variobahnen bestellt:

Betrieb	Nummern	Typ	Radsatzfolge	Niederflur	Länge (m)	Breite (m)	Baujahr
Chemnitz	601	6NGT-LDE	Bo+2+Bo	100 %	30,97	2,65	1993
	602-619	6NGT-LDE	Bo+2+Bo	100 %	30,97	2,65	1998/99
	901-905	6NGT-LDZ	Bo+2+Bo	100 %	30,97	2,65	1999/00
Chemnitz/ City Bahn	(6x)	6NGT-LDZ	Bo+2+Bo	100 %	30,97	2,65	2000/01
Duisburg	2000	6NGT-LDZ	Bo+2+Bo	100 %	33,78	2,30	1996
Heidelberg	(8 x)	6MGT-LDZ	Bo+2+Bo	65 %	32,20	2,40	2000/01
Helsinki	*(40 x)*		*Bo+Bo+Bo*	*100 %*	*24,30*	*2,30*	*1999/03*
Ludwigshafen	(8 x)	6MGT-LDE	Bo+2+Bo	65 %	32,20	2,40	2001/02
Mannheim	(10 x)	8MGT-LDE	Bo+2+Bo+Bo	65 %	42,80	2,40	2001/02
OEG	117-122	6MGT-LDZ	Bo+2+Bo	65 %	32,20	2,50	1996
OEG	(10 x)	6MGT-LDZ	Bo+2+Bo	65 %	32,20	2,40	2001/02
Sydney	*(7 x)*		*Bo+2+Bo*	*100 %*	*28,02*	*2,65*	*1997*

Dem Variobahn-Konzept nahe verwandt sind der Adtranz-Typ „Incentro“ (siehe S. 132f.), der Siemens-Typ „Combino“ (siehe S. 130f., 146f.) und der ALSTOM-LHB-Typ „GTN“ (Würzburg, siehe S. 128f.).

E Einrichtungswagen
D Drehstromantrieb
DD Drehstromantrieb - Dresden
G Gelenk
L Langes Seitenmodul (1700 mm)
M Meterspur
N Normalspur
T Triebwagen
Z Zweirichtungswagen
6 sechs Radsätze
8 acht Radsätze

ABB Henschel: Niederflur-Gelenktriebwagen 6NGT

1993 konziperte ABB Henschel das modular aufgebaute, zu 100 % niederflurige Fahrzeugkonzept „Variobahn“. Der fünfteilige Prototyp in Einrichtungsversion wurde an Chemnitz abgegeben. Die verbesserte Ausnutzung der Hüllkurve ermöglichte eine Wagenbreite von 2,65 m.

Nach umfangreichen Testfahrten mit dem Prototyp 601 (Zeichnung, Foto) bestellte Chemnitz 23 Serienfahrzeuge (Einrichtungswagen 602-619 Typ 6NGT-LDE, Zweirichtungswagen 901-905 Typ 6NGT-LDZ). Weitere sechs 6NGT-LDZ hat die City-Bahn für die Regionallinie Chemnitz – Stollberg bestellt.

Die Variobahn baut auf kurzen Fahr-/Laufwerksmodulen (4,2 m) und langen, auf die Gelenke der Nachbarmodule aufgestützte Fahrgastmodulen (7,25 m) auf und wird durch Kopf- und Heckmodule komplettiert. Die Wagenenden mußten nicht verjüngt werden. Alle Fenster sind großflächig ausgeführt. Erstmals wurde die Außenhaut von der Tragkonstruktion getrennt: Blech- bzw. Kunststoffteile sind bündig aufgeklebt, was Reparaturen erleichtert. Herabgezogene Schürzen verdecken Fahrwerke (vorne und hinten) und Laufwerk (mittig). Die achslosen Losräder sind über Schwingen mit dem Fahrwerkrahmen verbunden. Je zwei Anlenkstangen übertragen die Antriebs- und Bremskräfte. Die Fahrwerke sind drehsteif mit dem Wagenkasten verbunden. Infolge der Beibehaltung der stoßhalbierenden Wirkung eines zweiachsigen Fahrwerkes, der zwei Federstufen mit langen Federwegen und des kurzen Abstandes zwischen den senkrechten Gelenkachsen sind die Laufeigenschaften einem Drehgestellwagen angenähert. Die Primärfederung erfolgt über eine Parabelfeder und

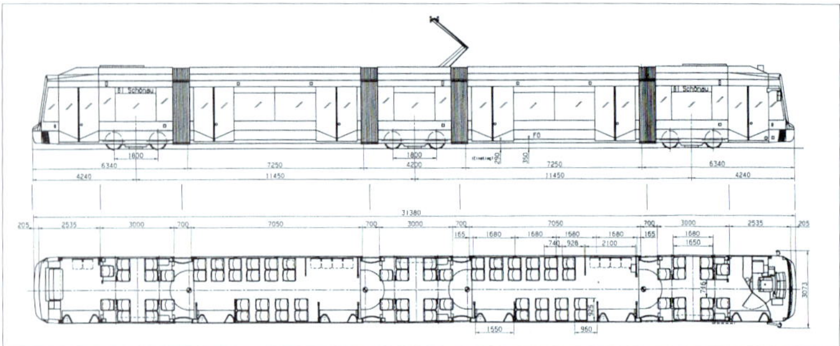

Stoßdämpfer, die Sekundärfederung über Schraubenfedern mit unterlegten Gummifedern sowie Schwingungsdämpfer. Die Einstiegshöhe beträgt 295 mm, die Fußbodenhöhe 350 mm. In den Fahrgastmodulen sind je zwei, im Kopf- und Bugmodul je eine doppelte Außenschwingtür eingebaut. Im podestlosen Innenraum finden sich vierreihige Quersitze. Gegenüber dem zweiten, vierten und sechsten Einstieg sind Stellräume mit Klappsitzen vorgesehen. Die Serienwagen erhielten klimatisierten Fahrgastraum, Gummischichtfedern in den Fahrwerken und eine leicht veränderte Front.

Die wassergekühlten, getriebelosen Radnabenmotoren hängen nicht abgefedert in der Fahrwerkschwinge. Jedem Fahrwerk mit vier Drehstromantrieben ist ein Tranktionsstromrichter mit zwei wassergekühlten Wechselrichtern zugeordnet. Rückspeisung von Bremsenergie ins Fahrleitungsnetz ist möglich. Ein statischer Umformer versorgt das Drehstrom-Bordnetz. Die mikroprozessorgesteuerte MICAS-S-Antriebssteuerung von ABB ist mit Integriertem Fahrzeug-Zubringerbus ausgerüstet. Mehrere Triebwagen können in Zugsteuerung gefahren werden. Als Betriebsbremse dient die generatorische Bremse, als Ersatzbremse die Federspeicherbremse in den Fahrwerken. Als Notbremse sind hydraulische Scheibenbremsen im Fahr- und Laufwerk vorgesehen. Bei den Serienwagen ist der Stromabnehmer auf dem fünftenWagenteil, und es wurden IGBT-Schalter verwendet.

Technische Daten*

Radsatzfolge	Bo+2+Bo
Länge	31,98 m
Breite	2,65 m
Radstand im Fahr-/Laufwerkwerk	1,80 m
Eigenmasse	35,7; 36,4 t
Sitzplätze	89; 74
Stundenleistung	8 x 40 kW (750 V)
Baujahr	1993 (Prototyp); 98ff. (Serien)
Spurweite	1435 mm

*) in Reihenfolge 6NGT-LDE (Serie); 6NGT-LDZ

DUEWAG: Niederflur-Gelenktriebwagen R (Frankfurt a.M

Der von DUEWAG für Frankfurt entwickelte Typ R war das erste zu 100 % niederflurige Zweirichtungsfahrzeug. Es zeichnet sich durch ein markantes Design mit klarer Linienführung und großflächigen Glasscheiben aus.

In zwei Bauserien wurden zwischen 1993 und 1996 die R-Triebwagen 001-040 in Dienst gestellt.

Die vorgegebene Hüllkurve bedingte die Konzeption als dreiteiliges Fahrzeug mit jeweils mittig unter dem A-, C- und B-Teil angeordneten Drehgestellen. Achslose, gummigefederte Losräder kamen zur Anwendung. Das Triebdrehgestell faßt H-Rahmen, Losräder und Radnabenmotoren in einer Schwinge zusammen. Die Gummi-Primärfederung stützt sich auf die Schwinge ab, die drehbar am Rahmen befestigt ist. Die Sekundärfederung besteht aus kombinierten Luft-/Gummischichtfedern mit Stoßdämpfern und Gummianschlägen. Ein Lenker zwischen Drehgestellrahmen und Kasten übernimmt die Übertragung der Traktionskräfte. Wie beim Adtranz-Typ GT4/68M/N (siehe S. 100ff.) erfolgt die Einstellung der Gelenke durch Nutzung der Torsionskraft der Drehgestell-Sekundärfederung. Der Nirosta-Wagenkasten in Stahlleichtbauweise besteht aus zusammengeschweißten Walz-, Kant- und Hohlprofilen. Zur Lärmreduzierung wurden die Schürzen tief herabgezogen und die Radkästen mit einem Schallschutz ausgerüstet. Markant sind die über den Bugbereich gezogenen, abgeschrägten Dachvouten und die Frontspoiler. Die Gelenke sind portalfrei ausgeführt; ihre Drehscheiben bieten einen niveaugleichen Durchgang. Die elektrome-

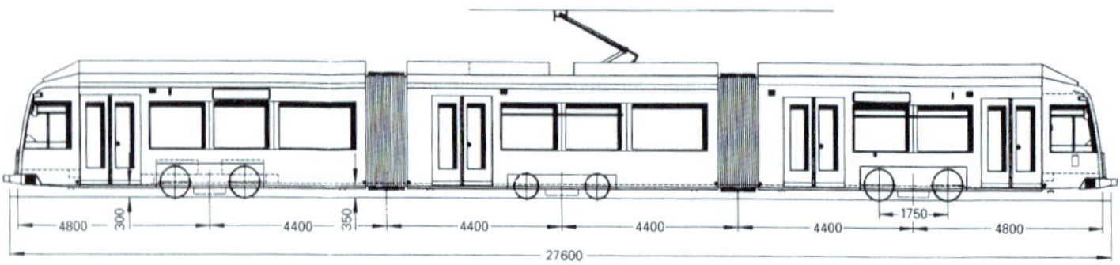

chanisch angetriebenen Außenschwenk-schiebetüren (1300 mm lichte Weite) in Anordnung 2-2-2-2 erlauben einen raschen Fahrgastwechsel. Die Einstiegshöhe beträgt 300 mm, die Fußbodenhöhe 350 mm. Die dreireihigen Abteilquersitze mußten teilweise auf Podesten angeordnet werden. Klappsitze eröffnen geräumige Stellflächen. Die durch eine Glastür abgetrennte Fahrerkabine ist ergonomisch gestaltet. 1997/98 wurde eine Hydraulik nachgerüstet, die das Schlingern vermindert.

Die E-Ausrüstung von Siemens ist in Schränken bzw. auf dem Dach angeordnet. In den beiden Triebdrehgestellen vorne und hinten wird jedes Losrad von einem ihm zugeordneten wassergekühlten Radnabenmotor über ein Planetengetriebe angetrieben. Die Leistungsregelung erfolgt über IGBT-Transistoren. Die Antriebs- und zentralen Steuergeräte sind in Mikroprozessortechnik ausgeführt. Das Fahrzeug verfügt über das Betriebsleitsystem IBIS. Das Kleinspannungsnetz wird von zwei statischen Gleichstrom-/Drehstromumformern gespeist. Neben der generatorischen Bremse ist in allen Drehgestellen eine Federspeicher-Scheibenbremse als Halte-, Feststell- und Notbremse vorgesehen. Hinzu kommt die Magnetschienenbremse.

Technische Daten

Radsatzfolge	Bo'+2'+Bo'
Länge	27,60 m
Breite	2,35 m
Radstand im Drehgestell	1,75 m
Drehgestellmittenabstand	8,80 m
Eigenmasse	ca. 33 t
Sitzplätze	59
Stundenleistung	8 x 55 kW (600 V)
Baujahre	1993-96
Spurweite	1435 mm

DUEWAG: Niederflur-Gelenk-Tw MGT6D-Heidelberg

Die Heidelberger Straßenbahn bestellte den zu 70 % niederflurigen Wagentyp MGT6D in Zweirichtungsbauweise. Auf Wunsch des Kunden entsprechen die Fronten nicht der Standardausführung, sondern wurden dem Stadtbahnwagen M angeglichen.

In den Jahren 1994/95 wurde eine erste Serie von zwölf Niederflurwagen mit den Nr. 261-272 in Dienst gestellt. Sie laufen insbesondere auf der Linie 1.

Der Wagenkasten ist eine Stahlleichtbaukonstruktion mit zusammengeschweißten Walz- und Kantprofilen. Seitenwände, Vorbau- und Dachgerippe bilden zusammen mit der aufgeschweißten Beblechung und dem Untergestell eine tragende Röhre. Unter dem A- und B-Wagen sind konventionelle Triebdrehgestelle in geschweißter Hohlträgerbauweise mit H-förmigem Rahmen angebracht. Die Primärfederung erfolgt über Megi-Federn, die Sekundärfederung über Schraubenfedern und Schwingungsdämpfer. Unter dem mittleren C-Wagen findet sich ein EEF-Paar, dessen Radstand um 50 mm erweitert ist (Federung über Gummi und Schraubenfedern mit Schwingungsdämpfern). Die schiefgestellte, nicht gekrümmte und in den Dachbereich hochgezogene Frontscheibe mit dahinter angebrachter Linien-/Zielinformation entspricht dem Typ M. Die Seitenfenster sind rahmenlos in die Seitenwand eingeklebt. Die Außenschwenkschiebetüren in Anordnung 1-2-2-2-1 werden elektromechanisch angetrieben; ihre lichte Weite beträgt 650 mm bzw. 1300 mm. Erstmals war bei einem Zweirichtungs-Niederflurwagen die Türanordnung symmetrisch. Die Einstieghöhe an den Doppeltüren beträgt 300 mm, die Fußbodenhöhe

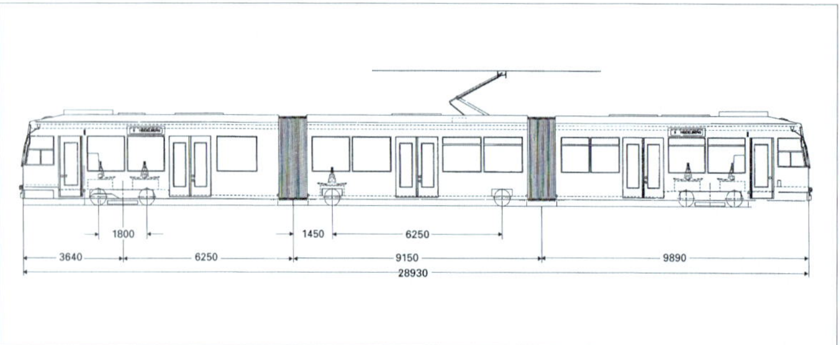

350 mm. Zwei Stufen sind zum 560 mm hohen Mittelflurteil über den Drehgestellen und im Bereich der Endtüren zu überwinden. Die Fahrgäste sitzen auf GFK-Schalensitzen mit einer leichten Polsterauflage; sie sind überwiegend als vierreihige Quersitze angeordnet. Das neue, portalfreie Gelenk ermöglicht einen freien Blick durch den gesamten Fahrgastraum. Die Fahrerkabine mit geteilter, halbverglaster Tür erlaubt einen Fahrscheinverkauf durch den Fahrer.

Die elektrische Ausrüstung wurde von ABB geliefert. In jedem der beiden Triebdrehgestelle sind zwei querliegende, wassergekühlte und voll gekapselte Drehstrom-Asynchronmotoren eingebaut. Je ein Drehgestell mit zwei Motoren ist einem wassergekühlten Transistor-Wechselrichter zugeordnet. Das MICAS-S-System ist mikroprozessorgesteuert. Die Möglichkeit der Zugsteuerung wird nicht verwendet. Die Informationseinrichtungen werden von einer IBIS-Anlage gesteuert. Die generatorische Bremse (mit Rückspeisungsmöglichkeit von Bremsenergie) wird ergänzt durch eine elektrohydraulische Federspeicher-Sattelbremse (Triebdrehgestelle) bzw. eine aktive hydraulische Sattelbremse (EEF-Räder) und die Magnetschienenbremse.

Technische Daten

Radsatzfolge	Bo'+1'1'+Bo'
Länge	28,93 m
Breite	2,30 m
Radstand im Drehgestell	1,80 m
Abstand des EEF-Paars	6,25 m
Eigenmasse	31,5 t
Sitzplätze	74
Stundenleistung	2 x 95 kW (750 V)
Baujahre	1994/95
Spurweite	1000 mm

DUEWAG: Niederflur-Gelenktriebwagen 6MGT

Mannheim und Ludwigshafen wollten ursprünglich den MGT6 mit Enddrehgestellen und mittigem EEF-Paar bestellen. Doch hätte die verlängerte Version für die Rhein-Haardtbahn zu einer Lastüberschreitung geführt. Daher fiel die Wahl auf ein der Variobahn ähnliches Fahrzeug.

Das Einrichtungsfahrzeug besteht aus langen Fahrgast- und kurzen Fahrwerksmodulen, ergänzt durch Bug- und Heckmodul. Mannheim beschaffte zunächst die Tw 601-650 (Blau/Weiß), Ludwigshafen die Tw 201-214 (Rot/Weiß). Wegen der Endfahrwerke mit konventionellem Antrieb ist der Niederfluranteil auf 70 % begrenzt. Luftfederung und Klimaanlagen sollen einen überdurchschnittlichen Fahrkomfort bieten.

Der in Stahlleichtbau aus Walz-, Kant- und Hohlprofilen zusammengeschweißte Wagenkasten bildet eine tragende Röhre. Die Schürzen sind nach unten herabgezogen, die Radkästen mit einem Schallschutz versehen. Der Kopf mit großem, herabgezogenem und gekrümmtem Fenster sowie separatem Ziel-/Nummerkasten ähnelt dem Typ MGT6; wegen der günstigen Nutzung der Hüllkurve mußten die Wagenenden kaum verjüngt werden. Unterschiedlich ist auch die wuchtige Bugschürze mit einklappbarer Kupplung. Unter den Endmodulen sind angetriebene Fahrwerke mit H-förmigem Rahmen vorgesehen; sie sind drehsteif mit dem Wagenkasten verbunden. Wegen des konventionellen Radreifendurchmessers (660 mm/neu) liegen die Einstiegshöhe von 350 mm (Doppeltüren) und die Fußbodenhöhe von 390 bzw. 600 mm über den Werten des MGT6. Unter dem mittleren Modul ist ein Lauffahrwerk mit einzeln gelagerten

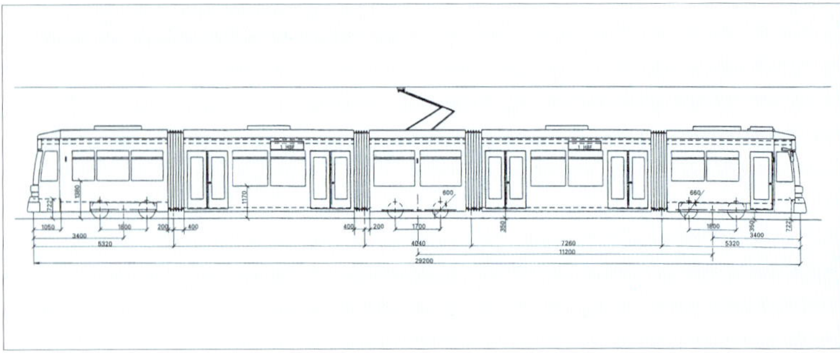

Losrädern vorgesehen; je zwei Losräder sind in einem gekröpften Radträger gelagert. Die Primärfederung erfolgt über Megifedern, die Sekundärfederung über Luftfederung mit Hydraulikdämpfern. Jeweils seitlich erfolgt eine drehfeste Anlenkung. In den langen Modulen sind je zwei elektromechanisch angetriebene Außenschwenkschiebetüren, im Bugmodul eine Einfachtür eingebaut (1300 bzw. 540 mm lichte Weite). In den Kurzmodulen finden sich vierreihige Abteilquersitze, in den langen Modulen dreireihige Quersitze in Fahrrichtung (mit Polsterauflage). Gegenüber der zweiten und vierten Tür sind Stellflächen freigehalten. Die erhöht angeordnete Fahrerkabine ist vom Innenraum abgeteilt; eine Tür mit Fallfenster ermöglicht Fahrscheinverkauf.

Die E-Ausrüstung wurde von ABB geliefert. Je zwei wassergekühlte Drehstrom-Asynchronmotoren sind einem auf dem Dach in Containern angeordneten Bipolar-Transistor-Direktumrichter zugeordnet. Die mikroprozessorgesteuerte MICAS-Steuerung ist in einem Geräteschrank hinter dem Fahrer eingebaut. Mannheim nutzt die Möglichkeit der Doppeltraktion. Das Fahrzeug ist mit dem Betriebsleitsystem IBIS ausgestattet. Neben der generatorischen Bremse sind eine Federspeicher-Scheibenbremse (Treibdrehgestell), eine hydraulische Aktivscheibenbremse an jedem Laufrad sowie Magnetschienenbremsen vorgesehen.

Technische Daten

Radsatzfolge	Bo+2+Bo
Länge	29,20 m
Breite	2,40 m
Radstand im Triebfahrwerk	1,80 m
Radstand im Lauffahrwerk	1,70 m
Eigenmasse	35,8 t
Sitzplätze	85
Stundenleistung	4 x 95 kW (600 V)
Baujahre	1994/95
Spurweite	1000 mm

DUEWAG, DWA: Niederflur-Gelenktriebwagen 6NGTWDE

Der Rostocker Niederflurwagen wurde aus dem Kasseler Typ NGT6 entwickelt (siehe S. 104). Durch Verlängerung des Wagenkastens konnten die Sitzplatzzahl erhöht und im Innenraum eine Rampe anstelle von Stufen vorgesehen werden. Der Niederfluranteil beträgt ca. 70 Prozent.

Die Inbetriebnahme der dreißig Einrichtungs-Gelenktriebwagen Nr. 651-680 in den Jahren 1994/95 ermöglichte die restlose Ausmusterung der veralteten Gotha-Fahrzeuge aus DDR-Produktion. Der wagenbauliche Teil wurde bei der DWA gefertigt; Drehgestell und Einzelrad-Einzelfahrwerke (EEF) stammen von der DUEWAG.

Der Wagenkasten ist in Stahlleichtbauweise aus Walz-, Kant- und Hohlprofilen zusammengeschweißt und bildet eine tragende Röhre. Die Beblechung ist auf das Gerippe geschweißt. Im Vergleich zum Kasseler Typ sind A- und B-Teil um jeweils 635 mm, das mittlere C-Teil um 50 mm verlängert. Fünf elektromotorisch angetriebene Außenschwenkschiebetüren von 650 bzw. 1300 mm lichter Weite in Anordnung 1-2-2-2-1 verschließen die rechte Wagenseite. Die Brüstungen aller Fenster befinden sich auf gleicher Höhe. Die Einstiegshöhe beträgt 300 mm. Wesentlicher Vorzug des Rostocker Fahrzeuges ist die Anrampung zwischen dem 350-mm-Niederflurteil und dem 560-mm-Mittelflurteil über den Drehgestellen. Der Innenraum ist podestlos ausgeführt. Die Fahrgäste sitzen auf gepolsterten GFK-Schalensitzen, die teilweise hintereinander, teilweise in Abteilen angeordnet sind. Im Niederflurbereich sind die Sitze zwei- bzw. dreireihig angeordnet, im Mittelflurbereich vierreihig. Gegenüber der zweiten Tür ist eine

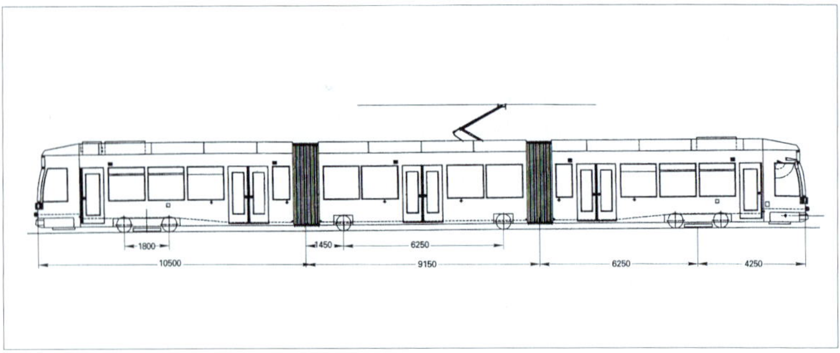

Stellfläche vorgesehen. Die erhöhte, klimatisierte Fahrerkabine ist durch einen Trennwand mit halbverglaster Tür abgeteilt.

Die beiden, von ABB gelieferten Bipolar-Transistor-Doppel-Pulswechselrichter bilden zusammen mit jeweils zwei Fahrmotoren eine Einheit. Pro Drehgestell treiben zwei querliegende ABB-Drehstrommotoren jeweils eine Achse an. Umrichter und Fahrmotoren sind wassergekühlt. Die Antriebs- und Zentrale Fahrzeugsteuerung wurde von Siemens geliefert und ist in SIBAS-16-Mikroprozessortechnik ausgeführt. Das Fahrgastinformationssystem mit Matrixanzeige ist IBIS-gesteuert. Ein auf dem Dach des B-Teils montierter statischer Umformer versorgt das Bordnetz (ab Tw 661 in leichterer IGBT-Technik). Die Gerätecontainer sind auf dem Dach hinter abnehmbaren Blenden angeordnet. Der Einholmstromabnehmer ist anders als beim „Typ Kassel“ (A-Teil) auf dem C-Teil angeordnet. Neben der generatorischen Bremse sind elektrohydraulische Federspeicher-Scheibenbremsen (Triebdrehgestelle), elektrohydraulische Scheibenbremse (EEF) sowie Magnetschienenbremse eingebaut.

Technische Daten*

Radsatzfolge	Bo'+1'1'+Bo'
Länge	30,15 m
Breite	2,30 m
Radstand im Drehgestell	1,80 m
Abstand des EEF-Paars	6,25 m
Eigenmasse	30,6 t; 30,4 t
Sitzplätze	91
Stundenleistung	4 x 95 kW (750 V)
Baujahre	1994/95
Spurweite	1435 mm

*) in Reihenfolge 651-660; 661-680

DUEWAG: Niederflur-Gelenktriebwagen R 1.1 (Bonn)

Der Bonner Niederflurwagen wurde aus dem Typ NGT6 (siehe S. 104) abgeleitet; unter dem Mittelwagen wurden aber Einzelachsen mit Losrädern anstelle von Einzelrad-Einzelfahrwerken (EEF) vorgesehen. Die Wagenbreite ist von 2,30 auf die vom VDV empfohlenen 2,40 m erweitert.

Mit Ablieferung der Zweirichtungs-Gelenktriebwagen 9451-9474 mit einem Niederfluranteil von rund 65 % wurden alle aus den fünfziger und sechziger Jahre stammenden Straßenbahnwagen in Einrichtungsbauweise übergangslos ersetzt, denn die Neubaustrecke nach Auerberg weist nur noch einen Gleiswechsel auf. Gleichzeitig wurde die Stromspannung von 600 auf 750 V erhöht.

Der in Stahlleichtbauweise aus Walz-, Kant- und Stahlprofilen zusammengeschweißte Wagenkasten bildet eine tragende Röhre. Die Beblechung ist auf das Gerippe geschweißt. Die Triebdrehgestelle weisen eine Megi-Radsatzfederung und eine Sekundärfederung mittels Schraubenfedern und hydraulischen Dämpfern auf. Bei den zwei Einzelachsen übernehmen die Megifedern die seitliche und Längsführung der Achsen. Zwischen Radsatzträger und Oberrahmen sitzt der Zwischenträger, auf dem die den Oberrahmen tragende Kugeldrehverbindung befestigt ist. Zwischen Oberrahmen und Wagenkasten sind Schraubenfedern und Schwingungsdämpfer vorgesehen. Jedes Laufwerk ist über Längslenker am Oberrahmen fixiert. Das Lauffahrwerk wird in Kurvenfahrten durch ein Lenkgestänge radial eingestellt, das die Wagenkastenausschläge aufnimmt. Pro Wagenseite sind drei Außenschwenkschiebetüren von 1300 mm lichter Weite eingebaut. Die

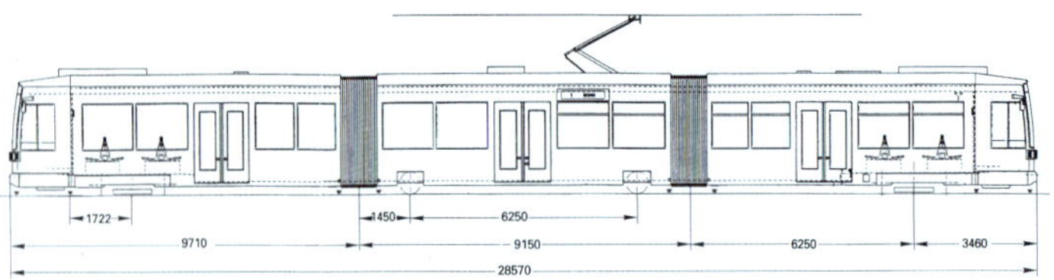

Einstiegshöhe beträgt 300 mm; alle Türen befinden sich im 352 mm hohen Niederflurbereich. Über den Drehgestellen ist der Fußboden nur 560 mm hoch. Die GFK-Schalensitze mit Polsterauflage sind als Abteilquersitze ausgeführt (zwei- bzw. dreireihig, über den Drehgestellen vierreihig). Neben der Mitteltür ist eine Stellfläche mit vier klappbaren Längssitzen freigehalten. Die schwebenden Gelenke sind portalfrei ausgeführt. Die erhöhten Fahrerkabinen sind durch Trennwände mit halbverglaster Tür abgeteilt.

Die E-Ausrüstung wurde von Siemens geliefert. In jedem Drehgestell treiben zwei gekapselte, eigenbelüftete Drehstrom-Asynchronmotoren jeweils eine Achse an. Die beiden direkt am Netz betriebenen, luftgekühlten GTO-Pulswechselrichter sind in Dachcontainern untergebracht. Der Einholmstromabnehmer befindet sich auf dem C-Teil. Antriebs-, Fahrzeugsteuerung und Diagnosesysteme sind SIBAS-16-mikroprozessorgesteuert. Die Leittechnik ist in Bus-Architektur ausgeführt. Das Informationssystem mit Matrixbeschilderung (außen) wird vom Betriebsleitsystem IBIS gesteuert. Neben der generatorischen Bremse sind hydraulische Scheibenbremsen (im Triebdrehgestell Federspeicher-Sattelbremse am Getriebegehäuse, bei den Einzelachsen als aktive Bremse) und Magnetschienenbremsen eingebaut.

Technische Daten

Radsatzfolge	Bo'+1'1'+Bo'
Länge	28,57 m
Breite	2,40 m
Radstand im Drehgestell	1,80 m
Abstand der Einzelachsen	6,25 m
Eigenmasse	31,4 t
Sitzplätze	66 + 4
Stundenleistung	4 x 103 kW (750 V)
Baujahre	1994
Spurweite	1435 mm

DUEWAG: Niederflur-Gelenktriebwagen NF-GTL

Die Düsseldorfer Rheinbahn wählte die Bonner Lösung (siehe S. 118) mit zwei Losradpaaren unter dem Mittelteil, die über ein Lenkgestänge radial eingestellt werden. Das Fahrzeug ist allerdings in Einrichtungsbauweise ausgeführt und rund 1 Meter kürzer.

In den Jahren 1995-98 wurden 48 Fahrzeuge mit den Nr. 2101-2148 in Dienst gestellt. Der Niederfluranteil beträgt rund 70 %. Zunächst plante man, 118 NF-GTL-Gelenkwagen sowie 59 äußerlich angepaßte Niederflur-Beiwagen auf Drehgestellbasis bei der DUEWAG zu bestellen. Ein neuer Rheinbahn-Vorstand rückte von der Beiwagenlösung ab und reduzierte die Zahl der NF-GTL-Wagen auf 48 Stück zugunsten längerer 100-%-Niederflurwagen des Typs NF10 (siehe S. 148).

Wagenkasten, Triebdrehgestelle und Losrad-Lauffahrwerke entsprechen konstruktiv dem Bonner Vorbild. A- und B-Teil sind verkürzt (9,18 gegenüber 9,71 m). Die Fahrerkabine wurde von 1,65 auf 1,86 m vergrößert; zum Ausgleich mußten die erste bzw. vierte Doppeltür und die Drehgestelle zu den Mittelgelenken hin verschoben werden. Das mittlere C-Teil ist genauso lang wie bem Bonner Wagen (9,15 m); es wurden jedoch statt einer doppelten Außenschwenkschiebetür (1300 mm lichte Weite) deren zwei eingebaut. Infolge der beschriebenen Veränderungen änderte sich auch die Anordnung der Seitenfenster. Die Höhe der angerampten Einstiege ist geringfügig niedriger als beim Bonner Fahrzeug (290 gegenüber 300 mm); die Fußbodenhöhe im Nieder- und Mittelflurteil ist jedoch gleich (350 bzw. 560 mm). Die Sitzanordnung weicht ab: Im Hochflurbereich sind die GFK-Schalensitze mit

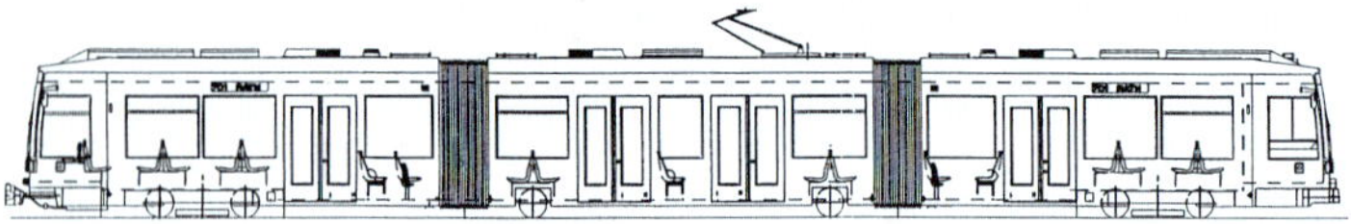

Polsterauflage vierreihig in Abteilform angeordnet; im Niederflurbereich finden sich auf der Fensterseite zweireihige Quersitze in Fahrtrichtung, auf der Türseite hingegen nur einige Einzelsitze.

Die E-Ausrüstung – mit Ausnahme der Fahrmotoren – wurde von Kiepe geliefert. Die beiden direkt am Netz betriebenen GTO-Puls-Wechselrichter sind in Dachcontainern untergebracht. Rüchspeisung von Bremsenergie ins Fahrleitungsnetz ist möglich. Der elektronische EFB-Fahr-/Bremsregler ist in 16-bit-Mikroprozessortechnik ausgeführt. Im Unterschied zu Bonn werden Doppeltraktionen gebildet. Pro Drehgestell treiben zwei querliegende, gekapselte Drehstrom-Asynchronmotoren von GEC Alsthom jeweils eine Achse an. Das Bordnetz wird von zwei statischen Umrichtern in IGBT-Technik versorgt. Der Einholmstromabnehmer befindet sich auf dem C-Teil. Am Heck ist ein Hilfsfahrschalter mit fest installiertem Fahrersitz eingebaut. Neben der generatorischen Bremse sind Federspeicher- und Magnetschienenbremse eingebaut.

Technische Daten

Radsatzfolge	Bo'+1'1'+Bo'
Länge	27,50 m
Breite	2,40 m
Radstand im Triebdrehgestell	1,80 m
Abstand der Lauffahrwerke	6,25 m
Eigenmasse	33,5 t
Sitzplätze	75+3
Stundenleistung	4 x 105 kW (750 V)
Baujahre	1995-98
Spurweite	1435 mm

DUEWAG: Niederflur-Gelenktriebwagen GT6-70D/N

Die dreiteiligen Einrichtungswagen mit einem Niederfluranteil von rund 70 Prozent verkehren im innerstädtischen Karlsruher Straßenbahnnetz. Sie sind für den nachträglichen Einbau eines weiteren Fahrwerk-Wägelchens und eines langen Fahrgastmoduls konstruktiv vorbereitet.

In den Jahren 1995/96 lieferte DUEWAG die Niederflurwagen mit den Nr. 221-240. Die elektrische Ausrüstung stammt von ABB/Adtranz.

Der modular aufgebaute, dreiteilige Wagenkasten in Stahlleichtkonstruktion aus zusammengeschweißten Walz-, Kant- und Hohlprofilen bildet eine tragende Röhre. Die Seitenfenster sind rahmenlos in die Seitenwand geklebt. Die Wagenköpfe werden von der Panoramaverglasung mit horizontal gekrümmter Frontscheibe und den wuchtigen Stoßverzehreinrichtungen geprägt. Die beiden Triebdrehgestelle in konventioneller Bauart besitzen einen H-förmigem Rahmen in geschweißter Hohlträgerbauweise. Die Primärfederung erfolgt über Megi-Stützlager, die Sekundärfederung über Luftfederbälge mit Schwingungsdämpfern.

Unter dem kurzen Mittelwagen ist ein Lauffahrwerk mit einzeln gelagerten Losrädern angebracht. Je zwei Losräder sind in einem gekröpften Radträger gelagert. Die Federung erfolgt ebenfalls über Gummi bzw. Luft. Im A- und B-Teil sind je zwei elektromechanisch bediente Schwenkschiebetüren mit einer lichten Weite von 1250 mm vorgesehen. Die Einstiegshöhe beträgt 340 mm; ein Schwenkschiebetritt überbrückt die Lücke bei 335 mm hohen Bahnsteigen. Die Fußbodenhöhe beträgt 407 mm, an den Wagenenden 610 mm. Fast ausnahmslos sind vierreihige Quersitze mit

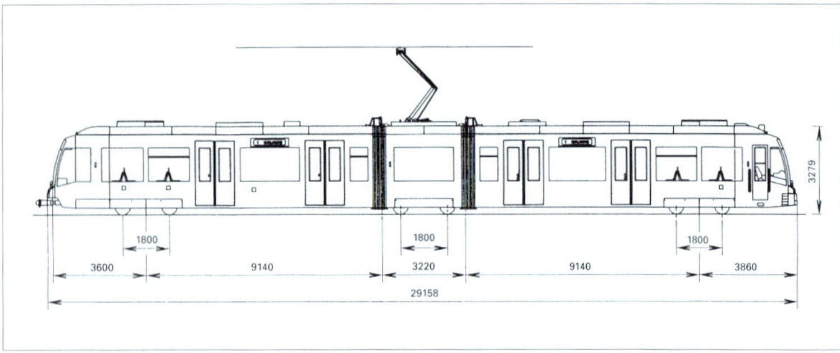

Stoffpolsterung eingebaut, die hintereinander bzw. in Abteilform angeordnet sind. Im Heck sind Längssitze vorgesehen. Im A-Teil geben Klappsitze Stellräume gegenüber den Einstiegen frei. Der klimatisierte Fahrerraum ist durch eine Wand mit Innentür und Fenster abgetrennt und zusätzlich durch eine Außentür vorne rechts zugänglich. Am Heck ist ein Hilfsführerstand vorgesehen.

Pro Triebdrehgestell treiben zwei querliegende ABB-Drehstrom-Asynchronmotoren mit angeflanschten Stirnradgetrieben jeweils einen Radsatz an. Sie sind voll abgefedert im Drehgestellrahmen gelagert und über Hohlwelle und Paketkupplung mit der Radachse verbunden. Jedem der beiden Triebdrehgestelle ist ein Transistor-Wechselrichter zugeordnet. Er besteht aus zwei unabhängigen Stromrichterbaugruppen. Stromrichter und Fahrmotoren sind in einem geschlossenen Kühlsystem zusammengefaßt. Das Mikroprozessorsystem MICAS-S übernimmt die Fahr-/Bremssteuerung und weitere Leitfunktionen. Bis zu drei Fahrzeuge können in Zugsteuerung verkehren. Ein statischer Umformer versorgt das Drehstrombordnetz. Neben der generatorischen Bremse sind eine hydraulisch bediente Federspeicher-Scheibenbremse (Triebdrehgestelle), eine aktive hydraulische Scheibenbremse (pro Losrad, außenliegend) sowie dic Magnot-Schienenbremse vorhanden.

Technische Daten

Radsatzfolge	Bo'+2+Bo'
Länge	28,70 m
Breite	2,65 m
Radstand im Triebdrehgestell	1,80 m
Radstand im Lauffahrwerk	1,80 m
Drehg.-/Fahrw.mitt.abst.	9,14-3,22-9,14 m
Eigenmasse	38,0 t
Sitzplätze	90
Stundenleistung	4 x 127 kW (750 V)
Baujahre	1995/96
Spurweite	1435 mm

Bombardier: Mittelflur-Gelenktriebwagen K4000

Die neue Fahrzeuggeneration für die Kölner Ost-West-Linien wurde erstmals europaweit ausgeschrieben. Den Zuschlag erhielt der kanadische Konzern Bombardier. Die Fahrzeugkomponenten werden in Deutschland, Österreich und Belgien gefertigt und in Belgien komplettiert.

Die Zweirichtungsfahrzeug wurden aus dem für die Wiener Stadtbahn entwickelten Typ T abgeleitet. Die Wagenlänge wurde vergrößert, die Einstiegshöhe im Mittelflurteil von 440 auf 410 mm gesenkt. Anstelle eines großen Mittelwagens mit Tür ist nur noch ein kurzes, türloses Übergangswägelchen vorgesehen. Der Mittelfluranteil beträgt rund 72 %. Die 120 Fahrzeuge tragen die Wagennummern 4001-4120.

Der Wagenkasten ist in geschweißter Stahlleichtbauweise gefertigt. Die einteilige, gekrümmte Frontscheibe ist bis in den Dachbereich hochgezogen. Unter den beiden Wagenenden ist je ein konventionelles Triebdrehgestell mit durchgehenden Achsen vorgesehen, unter dem Zwischenwägelchen hingegen ein nicht angetriebenes Lauffahrwerk mit achslosen Losrädern. Die Primärfederung erfolgt jeweils über Gummi-/Metallfedern, die Sekundärfederung über Spiralfedern aus Stahl. Die Drehgestelle sind durch Abdeckungen verblendet; die seitlich abknickbaren Kupplungen können hinter Visieren eingeklappt werden. Pro Wagenseite sind vier elektromechanisch angetriebene, doppelbreite Außenschwingtüren eingebaut. Eine Besonderheit des Typs K4000 ist der hydraulische Höhenausgleich, der den Radreifenverschleiß kompensiert und das Fahrzeug konstant auf 410 mm Einstiegshöhe hält. Einstiegs- und Fußbodenhöhe sind identisch. Über den

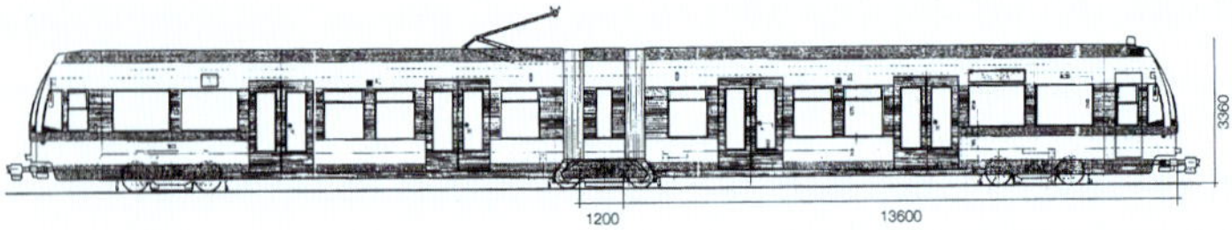

Triebdrehgestellen beträgt die Fußbodenhöhe 590 mm. Innen sind viele Haltemöglichkeiten vorgesehen. Standardmäßig sind vierreihige, podestlose Abteilquersitze eingebaut. Als Ausnahmen finden sich im Zwischenwägelchen je zwei Längssitze; außerdem wurde im A- und B-Teil je ein Abstellraum für Rollstühle, Kinderwägen etc. freigehalten, wo längs angeordnete Klappsitze vorgesehen sind. Die Fahrerkabine ist durch eine verglaste Wand mit Drehtür vollständig vom Innenraum abgetrennt; Durchsprechanlagen (auch aus dem hinteren Triebwagen) ermöglichen eine problemlose Kommunikation. Jeweils vorne rechts ist eine äußere Fahrertür angebracht. Die erhöhte Fahrerkabine ermöglicht eine gute Sicht; der Fahrersitz ist seitlich nach links versetzt angeordnet.

Die elektrische Ausrüstung ist überwiegend in Containern auf dem Dach angeordnet. Pro Triebdrehgestell treiben zwei querliegende, luftgekühlte Drehstrom-Asynchronmotoren von Alsthom je eine Achse an. Die Steuerung des Fahrzeugs erfolgt über Wagenbus BISS. Die elektrohydraulische Bremse und die hydraulische Scheibenbremse dienen als Betriebsbremsen, die Federspeicherbremse als Haltebremse, die Magnetschienenbremse als Notbremse.

Technische Daten

Radsatzfolge	Bo'+2+Bo'
Länge	28,40 m
Breite	2,65 m
Radstand (Triebdrehgestell)	1,80 m
Radszand (Laufdrehgestell)	1,20 m
Eigenmasse	35,5 t
Sitzplätze	70
Stundenleistung	4 x 120 kW (750 V)
Baujahre	1995-98
Spurweite	1435 mm

DUEWAG, DWA: Niederflur-Gelenktriebwagen NGT6DD

Das aus den Firmen DUEWAG, DWA, Siemens und ABB bestehende Konsortium „SachsenTram“ entwickelte mit den Dresdner Verkehrsbetrieben einen fünfteiligen Niederflur-Straßenbahnwagen. Das werbewirksame, stadttypische Design zeichnet sich durch viele Rundungen aus.

Der vom Typ 6MGT (Mannheim/Ludwigshafen) abgeleitete NGT6DD besteht aus drei Kurzmodulen mit Fahrwerken, zwei Langmodulen sowie (vom Hersteller getrennt gezählt) zwei Kopfmodulen. Der Niederfluranteil beträgt rund 70 %. Die Betriebsnummern lauten 2501-2547 (Einrichtungswagen) und 2581-2593 (Zweirichtungswagen).

Der in geschweißter Stahlleichtkonstruktion gefertigte Wagenkasten ist besonders verformungssicher. Die Endpartien erhielten Prallelemente mit Stoßverzehreinrichtungen und Verkleidungen aus elastischem Material. Die Scharfenbergkupplung wird hinter dem Prallelement knickbar eingeklappt. Die herabgezogene Panoramaverglasung bietet dem Fahrer eine gute Sicht. Die getönten Fenster sind rahmenlos in die Seitenwand eingeklebt. Die drehsteif mit dem Wagenkasten verbundenen Triebfahrwerke besitzen einen H-förmigen Rahmen in geschweißter Hohlträgerbauweise. Unter dem Mittelmodul ist ein Lauffahrwerk mit Losrädern vorgesehen; je zwei Losräder sind in einem gekröpften Radträger gelagert. Als Primärfederung dienen Megi-Federn, als Sekundärfederung eine neuartige, hydropneumatische Feder, die die Einstiegshöhe von 295 mm konstant hält (Fußbodenhöhe bei 355 bzw. 580 mm). Wegen des kleinen Raddurchmessers in den Triebfahrwerken (600 mm/neu) ist die Einstieghöhe niedriger als beim Typ 6MGT.

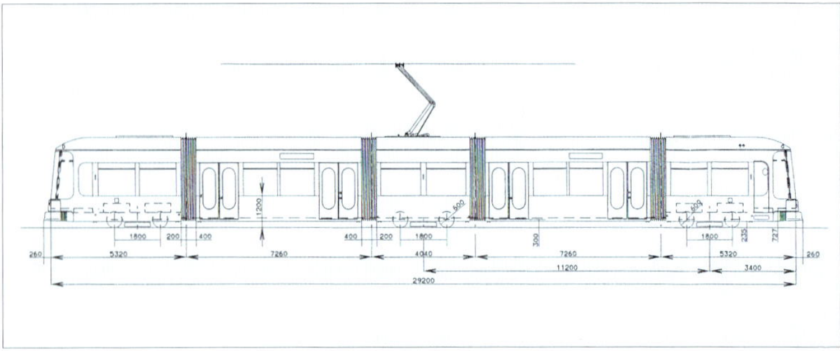

In den Langmodulen sind je zwei elektromechanisch angetriebene Außenschwenkschiebetüren eingebaut. In den Kurzmodulen wurden die Quersitze vierreihig in Abteilform, in den Langmodulen dreireihig in Fahrtrichtung angeordnet. Die klimatisierte Fahrerkabine ist durch eine verglaste Trennwand mit Drehtür vollständig abgeschlossen. Jeweils vorne rechts ist eine äußere Fahrertür eingebaut.

ABB (Adtranz) lieferten Pulswechselrichter, Fahrmotoren und Getriebe, Siemens die Antriebs- und Zentrale Fahrzeugsteuerung (SIBAS-16 mit Diagnosesystem), das Bordnetz und die Klimatisierung. Den beiden wassergekühlten Transistor-Dreipunkt-Wechselrichtern auf dem Wagendach ist jeweils ein Triebfahrwerk mit zwei wassergekühlten, voll gekapselten Drehstrommotoren zugeordnet. Rückspeisung von Bremsenergie ins Fahrleitungsnetz ist möglich. Die Fahrzeuge können in Zugsteuerung eingesetzt werden. Der IBIS-2-Zentralrechner steuert die Informationseinrichtungen (zweiseitige Innenanzeigen, fünf Außenanzeigen in Matrixschrift). Die elektrodynamsche Betriebsbremse wird ergänzt durch elektrohydraulische Federspeicherbremsen (Triebdrehgestelle), aktive elektrohydraulische Bremsen (Losräder) sowie Magnetschienenbremsen.

Technische Daten*

Achsfolge	Bo+2+Bo
Länge	29,20 m
Breite	2,30 m
Radstand im Drehgestell	1,80 m
Radstand im Laufwerk	1,80 m
Eigenmasse	33,4; 34,5 t
Sitzplätze	88; 72
Stundenleistung	4 x 95 kW (600 V)
Baujahre	1995-98
Spurweite	1450 mm

*) in Reihenfolge 2501ff; 2581ff.

LHB: Niederflur-Gelenktriebwagen GTN

Die Würzburger GTN-Wagen waren die ersten zu 100 Prozent niederflurig ausgeführten Straßenbahnwagen mit Allachsantrieb. Die Einrichtungsfahrzeuge in wartungsarmer Siemens-Drehstromtechnik bauen auf der „Variobahn"-Technik auf (siehe S 107ff.).

Die Gelenkwagen 250-269 kommen inzwischen auf allen Linien zum Einsatz. Auf der morgendlichen Schnellinie 505 werden sie sogar in Zugsteuerung eingesetzt.

Das fünfteilige Fahrzeug besteht aus drei kurzen, angetriebenen und zwei langen, schwebend aufgehängten Modulen. Der in Stahlleichtbauweise erstellte Wagenkasten ist aus Walz-, Kant- und Hohlprofilen zusammengeschweißt und bildet eine selbsttragende Röhre. Die Schürzen sind nach unten herabgezogen und verdecken Fahrwerke und Kupplung. Pro Fahrwerk sind vier angetriebene Einzelräder eingebaut. Der Fahrgestellrahmen ist als Hohlträger-Schweißkonstruktion ausgeführt, die sich zum Wagenkasten nur geringfügig elastisch ausdehnen läßt. Infolge Beibehaltung der stoßhalbierenden Wirkung fester Achsen und der zwei Federstufen mit langen Federwegen in Verbindung mit dem kurzen Abstand zwischen den senkrechten Gelenkachsen nähern sich die Fahreigenschaften einem Drehgestellfahrzeug an. Die Primärfederung erfolgt über eine Parabelfeder mit zusätzlicher Gummifeder, die Sekundärfederung über zwei Schraubenfedern und Gummipuffer. Infolge der kurvengetreuen Radanlenkung konnte auf eine Verjüngung der Wagenenden verzichtet werden. Alle Türen liegen in der Geraden. Die Außenschwingtüren in Anordnung 1-2-2-2-2-1 werden

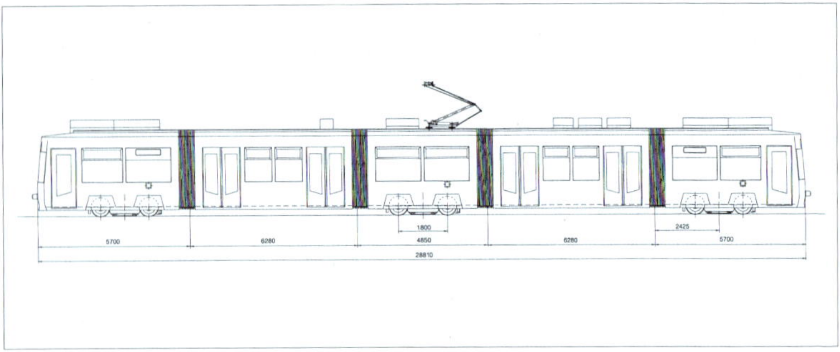

elektromechanisch angetrieben. In den drei kurzen Fahrmodulen befinden sich vierreihige Abteilquersitze, in den zwei langen Modulen rechts Längssitze, links zweireihige Quersitze sowie Klappsitze gegenüber den Einstiegen. Alle Sitze sind gepolstert. Der 350 mm hohe Fußboden wurde im Einstiegbereich auf 300 mm abgesenkt. Der Führerstand ist vom Innenraum abgetrennt und ermöglicht Fahrscheinverkauf durch den Fahrer. Am Heck ist ein Rangierfahrschalter vorgesehen.

Die beiden Antriebseinheiten umfassen jeweils eine wassergekühlte Stromrichtereinheit mit Duo-Pulswechselrichter und Bremssteller (beide in IGBT-Technik), eine Einspeiseschaltung und sechs Antriebsmotoren. Jedes Einzelrad wird über wassergekühlte Drehstrom-Asynchronmotoren mit Planetengetriebe angetrieben, die in die Radschwingen integriert sind. Die Steuergeräte (Antriebs-, Brems- und zentrales Steuergerät) sind in SIBAS-16-Mikroprozessortechnik ausgeführt und melden auftretende Fehler an den Fahrer weiter. Die von Siemens gelieferte E-Ausrüstung ist überwiegend in Dachcontainern untergebracht. Neben der elektrodynamischen Bremse dient die stufenlos regelbare, hydraulische Scheibenbremse als zweite vollwertige Betriebsbremse. Hinzu treten die einstufige, hydraulische Federspeicherbremse und die Magnetschienenbremse.

Technische Daten

Radsatzfolge	Bo+Bo+Bo
Länge	28,81 m
Breite	2,40 m
Radstand im Fahrwerk	1,80 m
Eigenmasse	39,5 t
Sitzplätze	82
Stundenleistung	12 x 45 kW (750 V)
Baujahre	1995/96
Spurweite	1000 mm

DUEWAG: Niederflur-Gelenktriebwagen „Combino“

Potsdam tätigte die erste Bestellung des „Combino“ von DUEWAG-Siemens. Das zu 100 Prozent niederflurige und konsequent modular aufgebaute Fahrzeug wird in gewichtssparender Aluminiumbauweise hergestellt. Die Räder sind nicht mehr quer-, sondern längsgekuppelt.

Gestützt auf erfolgreiche Testfahrten des vierteiligen Vorserienfahrzeugs und einen günstigen Stückpreis von rund 2,9 Mio. DM bestellte Potsdam 48 fünfteilige Einrichtungsfahrzeuge (Nr. 401-448). Im Jahr 2000 waren die Tw 401-408 vorhanden.

Vorkonfektionierte Baugruppen reduzieren den Montage- und Inbetriebsetzungsaufwand. Auf einem geschweißten Aluminiumuntergestell wird ein Gerüst aus Aluminium-Strangpreßprofilen aufgebaut. Die Seitenwände werden mittels patentierter Eckverbinder angeschraubt. Ein zusätzlicher, 400 mm hoher Bodenkanal in der Seitenwand verbessert den Aufprallschutz. Das in Alu-Sandwichbauweise gefertigte Dach wird eingesetzt. In den Fahrwerkmodulen bildet der Gerätecontainer das Fahrzeugdach. Wegen der günstigen Nutzung der Hüllkurve mußten die Wagenenden kaum verjüngt werden; alle Türen befinden sich in der Geraden. Der Fahrzeugkopf ist in hochfester GFK-Sandwichbauweise gefertigt; infolge des zurückgezogenen Untergestelles wird eine Knautschzone geschaffen. Die Front wird von der einteiligen, geneigten Scheibe und dem großen Ziel-/Nummernkasten (mit Matrixanzeige) geprägt. Die Außenschwenkschiebetüren mit 650 bzw. 1300 mm lichter Weite in Anordnung 1-2-2-2-2-1 werden elektromechanisch angetrieben. Dank der sehr niedrig gebauten Fahrwerke beträgt die durchge-

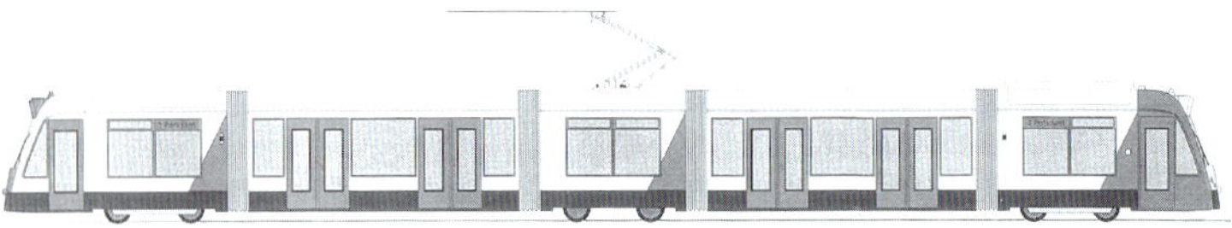

hende Fußbodenhöhe (keine Einstiegsrampen und Podeste) nur 300 mm. Die dreireihigen Quersitze sind überwiegend in Fahrtrichtung angeordnet. In den Fahrwerkmodulen ist die Gangbreite verschmälert (600 statt 840 mm); hier sind Quer- und Längssitze vorgesehen. Der klimatisierte Führerstand ist vom Fahrgastraum getrennt.

Die Fahrwerke mit Losrädern auf Portalachsen sind mit dem Wagenkasten drehsteif verbunden. Neu ist die mechanische Längskupplung der Räder: Diese Bauweise verbessert die Laufdynamik und verhindert den Längsschlupf bei Bogenfahrt. Durch die Reduzierung der Motorenzahl wird die Eigenmasse des Fahrzeugs verringert. Die Endfahrwerke sind angetrieben. Die längsliegenden, eigenbelüfteten Zweiradantriebe sind links und rechts außen am Fahrwerksrahmen befestigt und voll abgefedert. Die luftgekühlten IGBT-Pulswechselrichter mit integriertem IGBT-Bremssteller und Schutzthyristor sind in Containern untergebracht. Im Zentralcontainer sind Stromrichter, Antriebssteuergerät (in SIBAS-32-Mikroprozessortechnik), Eingangsfilter, Netzdrossel, Bremswiderstand, Bordnetzumformer, Bordnetzverteilung und Batterie integriert. Damit ergeben sich kurze Leitungswege. Neben der generatorischen Bremse mit Energierückspeisung ins Netz sind Federspeicher- und Schienenbremse vorgesehen.

Technische Daten

Radsatzfolge	Bo+2+Bo
Länge	30,52 m
Breite	2,30 m
Radstand im Fahrwerk	1,80 m
Eigenmasse	31,8 t
Sitzplätze	69
Stundenleistung	4 x 100 kW (750 V)
Baujahre	1998-99
Spurweite	1435 mm

Adtranz: Niederflur-Gelenktriebwagen „Incentro“

Mit Vereinigung von ABB und AEG zum Konzern Adtranz (1996) wurden unterschiedliche Niederflurlösungen im Baukastensystem zusammengeführt. In der Plattform „Incentro“ werden zwei-, drei-, vier-, fünf- und siebenteilige Wagen in 100-Prozent-Niederflurbauweise angeboten.

Der Multigelenkwagen mit drehsteifen Fahrwerken nach dem Vorbild der Variobahn ist als AT6/5 bzw. AT6/5L (d.h. sechs Radsätze, fünf Wagenteile, L für lange, zweitürige Zwischenmodule) sowie AT8/7 bzw. AT8/7L erhältlich. Der rotationsbegrenzte Drehgestellwagen nach Vorbild des GT4/6/8M/N wird als AT4/2, AT 6/3 und AT 8/4 (mit Doppelgelenkübergang) angeboten. Alle Fahrzeuge können in den Wagenbreiten 2,30, 2,40 und 2,65 m, in den Spurweiten 1000 und 1435 mm sowie als Ein- und Zweirichtungswagen verwirklicht werden. Die Zahl der Antriebe ist variabel (Adhäsion von 100, 66 oder 50 Prozent). Die Kopfform kann individuell angepaßt werden. Nantes hat 23 AT6/5L gekauft (Bild). In Deutschland wurde das 1998 vorgestellte Fahrzeugkonzept Incentro noch nicht bestellt.

Die Zweirichtungswagen für Nantes bestehen überwiegend aus geschweißten Nirosta-Profilen (Vorbild Variobahn, GT6/8N). Die Dachstreben sind mit dem Wagenkasten verschraubt. Die von Stratiform, Lille, gelieferten GFK-Kopfteile werden mit Alustrips verstärkt und in die Nirosta-Verstärkerplatte geklebt. Die Fahrwerke ruhen über Stützlagerfedern auf Portalachsen. Hydraulische Dämpfer unterstützen ein gutes Fahrverhalten. Stahlschrauben und Gummi-/Metallfedern, ergänzt durch Stoßdämpfer, übernehmen die Sekundärfederung. Auf eine Luftfederung (Eurotram, Variobahn) wurde verzichtet. Die Ganzglas-Schwenkschiebetüren von 1300 mm lichter Weite werden elektromechanisch angetrieben. Die Einstieghöhe beträgt 285 mm, die Bodenhöhe 350

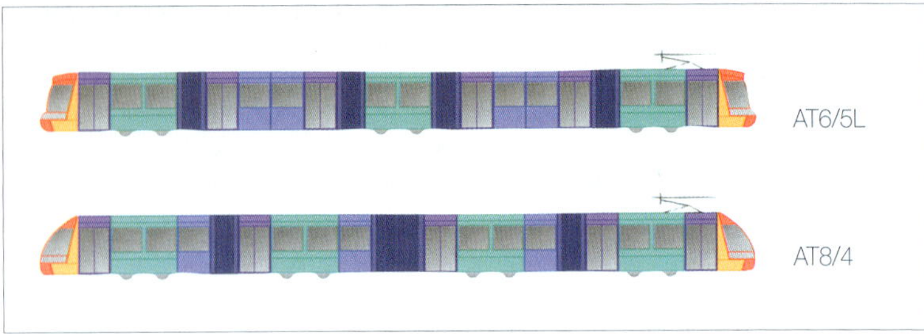

mm. In den Fahrwerksmodulen sind Abteilquersitze (2+2), in den Zwischenmodulen Quersitze und Längssitze vorgesehen. Breite Sitzabstände (620 bzw. 540 mm) sind vorhanden.

Zwei in Dachcontainern untergebrachte, flüssigkeitsgekühlte IGBT-Duo-Wechselrichter speisen jeweils die Antriebe einer Wagenseite (Vorbild Eurotram, Cobra). Dadurch können die Drehzahlen der Räder in Kurven variieren. Jedes Rad wird von einem vierpoligen, flüssigkeitsgekühlten Drehstromasynchronmotor über ein zweistufiges, angeflanschtes Getriebe angetrieben. Die Antriebe reiten auf den Losrädern und hängen zu 25 % abgefedert über Drehmoment-Pendelstützen am Fahrwerksrahmen. Die Fahr-/Bremsregelung wird von dem MITRAC-Mikroprozessorsystem gesteuert. Neben der Widerstands-/Nutzbremse sind elektrohydraulische Federspeicher- und Magnetschienenbremse vorhanden. Alle Steuerfunktionen werden über Zugbus übertragen. Für die Hilfsbetriebe ist ein Drehstrom-Umrichter vorgesehen.

Technische Daten*

Radsatzfolge	Bo+2+Bo
Länge	36,40 m
Breite	2,40 m
Radstand im Fahrwerk	1,80 m
Eigenmasse	38,5 t
Sitzplätze	72
Stundenleistung	8x45 kW (750 V)
Spurweite	1435 mm

*) AT5L/Nantes

AEG: Niederflur-Gelenktriebwagen GT8N

1993 wurde erstmals eine vierteilige Version des dreiteiligen Bremer GT6N-Prototyps mit 100-%-Niederfluranteil vorgestellt. Neben der Erhöhung des Fassungsvermögens wurden bei der Serienlieferung diverse Verbesserungen realisiert.

Nach erfolgreichem Linieneinsatz des dreiteiligen Einrichtungs-Prototyps 801 (siehe S. 102) entschloß sich die Bremer Straßenbahn zur Bestellung von 78 Serienfahrzeugen. Man wählte nun die vierteilige Variante GT8N. Zwischen 1993 und 1995 wurden die Tw 3001-3078 in Dienst gestellt. Äußerlich fielen die Vierteiler insbesondere durch die schwarz/roten statt weiß/roten Fronten, die Rollbandanlage in Negativ- statt Positivbeschilderung und die rot/weißen Streifen im Gelenkbereich auf, die den Wagen besonders gestreckt aussehen lassen sollten. Inzwischen wurde das Farbkonzept geändert.

Der Wagenkasten wurde um ein zweites Mittelmodul erweitert. An Front und Heck wurden die Stoßverzehreinrichtungen vergrößert. Alle Fahrwerke haben nun die gleiche Ausrichtung, d.h. bei allen Drehgestellen läuft nun das nicht angetriebene Losradpaar (mit Spurkranzschmierung) voraus. Infolge der asymmetrischen Belastung der Drehgestelle beträgt die Adhäsion 65 %. Zur Aufnahme der horizontalen Bewegungen ist das mittlere Gelenk scharnierartig ausgeführt. Die beiden anderen Gelenke können horizontale und vertikale Kastenbewegungen aufnehmen, um Kuppen und Bodenwellen befahren zu können. Fünf Außenschwenkschiebetüren sorgen für einen schnellen Fahrgastwechsel. Die Fußbodenhöhe erhöhte sich von 350 auf 360 mm (bei gleichbleibender

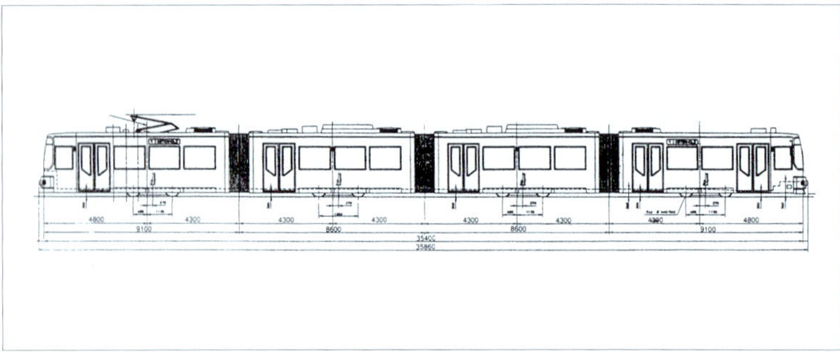

Einstiegshöhe von 300 mm). Im Wageninneren konnte auf Podeste verzichtet werden. Die Zahl der Sitzplätze erhöhte sich gegenüber dem Prototyp von 67 auf 85, die Zahl der Stehplätze (4 Pers./m²) von 103 auf 137. Am vorderen Einstieg wurde ein Hublift angebracht, der Rollstuhlfahrern den Einstieg erleichtert. Heizung und Belüftung (in Kanälen unter dem Fußboden bzw. in der Decke) wurden verbessert. Der Führerstand wurde unter Berücksichtigung ergonomischer Erkenntnisse völlig neu gestaltet.

Die elektrische Ausrüstung wurde wiederum von Kiepe geliefert; die Motoren stammen von GEC Alsthom. Die Leistungselektronik wurde überarbeitet. Jeweils zwei der selbstbelüfteten Drehstrom-Asynchronmotoren sind den beiden, auf dem Dach in Containern angeordneten GTO-Direkt-Pulswechselrichtern zugeordnet.

Technische Daten

Radsatzfolge	(1A)'+(1A)'+(1A)'+(1A)'
Länge	35,40 m
Breite	2,30 m
Radstand im Drehgestell	1,85 m
Drehpunktabstand	8,60-8,60-8,60 m
Eigenmasse	36,5 t
Sitzplätze	85
Stundenleistung	4 x 84 kW (600 V)
Baujahre	1993-95
Spurweite	1435 mm

DUEWAG, DWA: Niederflur-Gelenktriebwagen NGT8

Der vom Konsortium DWA (Wagenkästen), DUEWAG (Drehgestelle), ABB (Antriebsausrüstung und Koordination) sowie Siemens (Leittechnik) für Leipzig entwickelte Niederflur-Gelenktriebwagen verwendet im Niederflurbereich Laufdrehgestelle mit besonders kleinen Rädern.

1994-98 wurden die Einrichtungsgelenktriebwagen 1101-1156 in Betrieb genommen. Der Niederfluranteil beträgt rund 70 Prozent. Wegen der zu schmalen Wagenbreite von 2,20 m will Leipzig künftig zu 2,30-2,40 m breiten Fahrzeugen übergehen.

Der in Stahlleichtbauweise gefertigte Wagenkasten ist vom Kasseler Typ NGT6 (siehe S. 104) abgeleitet. Die Seitenfenster sind rahmenlos eingeklebt. An der Stirnwand mit großer, gekrümmter Frontscheibe ist ein Linien-/Zielkasten mit Rollbandbeschilderung vorgesehen. Unter dem A- und B-Teil wurde je ein Triebdrehgestell vorgesehen. Die niedrige Fußbodenhöhe von 560 mm in diesem Bereich wird durch Verschachtelung von Drehgestellquerträgern, Rollenkranzträgern und Hauptquerträgern in Verbindung mit Motoren und Getrieben kleinstmöglicher Baugröße sowie Verwendung eines kompakten Drehzapfenlagers ermöglicht. Unter dem mittleren C-Teil sind zwei Laufdrehgestelle vorgesehen. Um eine Fußbodenhöhe von 360 mm im Niederflurteil zu erreichen, verwenden sie Räder von besonders kleinem Durchmesser (410 mm/neu). Um die Podeste klein und die Gangbreite breit zu halten, mußte der Ausschlag der Kleinrad-Laufdrehgestelle unter dem Mittelwagen gering gehalten werden. Dies erforderte eine starke Verkürzung des C-Teils (7750 mm gegenüber 9100 mm bei der EEF-Version). Damit wird

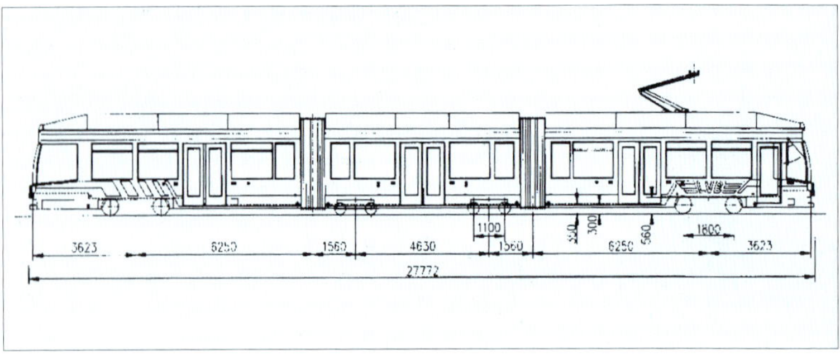

die Leipziger Hüllkurve nicht vollständig ausgenutzt. Elektromechanisch betätigte Außenschwenkschiebetüren von 1300 bzw. 650 mm lichter Weite in Anordnung 2-2-2-1 sind eingebaut. Die drei- bzw. vierreihigen Quersitze mit Polsterauflage sind teilweise hintereinander, teilweise in Abteilform angeordnet. Angesichts der Breite von 2,20 m mußte die Gangbreite sehr gering bemessen werden. Die erhöhte, klimatisierte Fahrerkabine ist durch Glas bzw. Schränke abgetrennt; Fahrscheinverkauf durch den Fahrer ist möglich.

In den Triebdrehgestellen sind je zwei Drehstrom-Asynchonrmotoren quer zur Fahrtrichtung eingebaut. Sie treiben die Achsen über angeflanschte zweistufige Stirnradgetriebe und eine elastische Kupplung an. Jedem Motor ist ein Traktionswechselrichter zugeordnet. Die beiden Wechselrichter sind in einem Stromrichtercontainer auf dem Dach untergebracht. Mikroprozessorgesteuerte SIBAS-16-Leittechnik wird verwendet. Das Fahrgastinformationssystem ist IBIS-gesteuert. Neben der generatorischen Bremse (mit Energierückspeisung) sind Federspeicherbremse (Triebdrehgestelle) und Magnetschienenbremse vorhanden.

Technische Daten

Radsatzfolge	Bo'+2'2'+Bo'
Länge	27,80 m
Breite	2,20 m
Radstand im Triebdrehgestell	1,80 m
Radstand im Laufdrehgestell	1,10 m
Laufdrehgestellmittenabstand	4,63 m
Eigenmasse	31,5 t
Sitzplätze	77
Leistung	4 x 95 kW (600 V)
Baujahr	1994-98
Spurweite	1458 mm

DUEWAG: Niederflur-Gelenktriebwagen 8MGT

Die zwischen Mannheim und Bad Dürkheim verkehrende Rhein-Haardtbahn ist durch ihre überlangen Fahrzeuge bekannt. Würdiger Nachfolger des fünfteiligen GT 12 mit Jakobsdrehgestellen von 1967 ist der siebenteilige Niederflurwagen 8MGT in Einrichtungsbauweise.

Außerhalb des Mannheim/Ludwigshafener Straßenbahnnetzes ist die Rhein-Haardtbahn (RHB) als Eisenbahn konzessioniert. Seit 1965 wird einheitlich 750 V Gleichspannung verwendet. Die Tw 1031-1032 gehören buchmäßig den Verkehrsbetrieben Ludwigshafen, die Tw 1041-1043 der RHB. Alle Fahrzeuge sind in Rot-Weiß gehalten. Gegenüber dem GT12 ist das Fahrzeug knapp 2 Meter länger, 200 mm breiter, ca. 8 t schwerer und bietet einen Sitzplatz mehr.

Das Fahrzeug entspricht konstruktiv der fünteiligen Version 6MGT (siehe S. 114) und weist drehsteif mit dem Wagenkasten verbundene Fahrwerke auf. Die beiden Endfahrwerke sind angetrieben. Hinter dem dritten Modul erhielten die 8MGT zusätzlich ein langes, frei aufgehängtes Modul und ein kurzes Modul mit Lauffahrwerk eingebaut. Der Niederfluranteil stieg damit von rund 70 auf 80 Prozent. Vorbildlich sind die Informationseinrichtungen: An

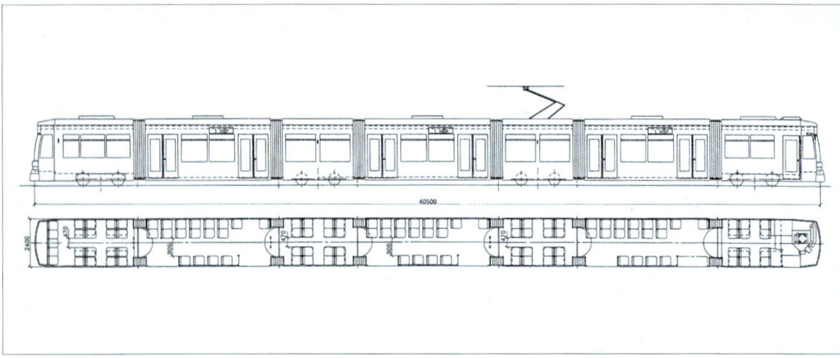

Front- und Bug sowie dreimal auf der rechten und einmal auf der linken Wagenseite sind Ziel-/Nummernkästen mit Matrixanzeige angebracht. Im Innenraum sorgen optische und akustische Haltestellenanzeiger für eine optimale Fahrgastinformation.

Die elektrische Ausrüstung in wartungsarmer Drehstromantriebstechnik wurde von Adtranz geliefert und entspricht der Konfiguration der fünfteiligen Version. Rückspeisung von Bremsenergie in das Fahrleitungsnetz ist möglich. Die Motorleistung mußte nicht erhöht werden. Der Einholmstromabnehmer ist ebenfalls auf dem dritten Modul angeordnet. Wie beim Schwesterfahrzeug 6MGT sind generatorische Bremse, Federspeicher-Sattelbremse (Triebdrehgestelle), von einem Hydrogerät geregelte Aktivscheibenbremsen (pro Laufrad) sowie Magnetschienenbremsen vorgesehen.

Technische Daten

Radsatzfolge	Bo+2+2+Bo
Länge	40,50 m
Breite	2,40 m
Radstand im Triebfahrwerk	1,80 m
Radstand im Lauffahrwerk	1,70 m
Eigenmasse	42 t
Sitzplätze	119
Stundenleistung	4 x 95 kW (600 V)
Baujahre	1994/95
Spurweite	1000 mm

Der von LHB für die Magdeburger Verkehrsbetriebe entwickelte Einrichtungs-Niederflurwagen baut auf dem konventionellen Drehgestellprinzip auf. Unter dem Mittelteil sind Kleinrad-Laufdrehgestelle eingebaut. Der Niederfluranteil beträgt rund 70 Prozent.

Magdeburg leitete 1994 die Modernisierung seines aus Tatra-Wagen bestehenden Fahrzeugparks ein. Insgesamt sind 53 Niederflurwagen des Typs NGT8D bestellt, die die Nummern 1301-1353 erhalten. - 20 ähnliche Fahrzeuge erhielt 1998 die Darmstädter Straßenbahn. Die Tw 9855-9874 sind 27,28 m lang und 2,40 m breit.

Der Wagenkasten ist in Stahlleichtbauweise hergestellt. Das dreiteilige Einrichtungsfahrzeug besteht aus einem vierachsigen Mittelwagen und zwei aufgesattelten, zweiachsigen Endwagen. Das Design des aus Poly-Urethan hergestellten Kopfes wird von dem horizontalen Knick bestimmt. Die schief gestellte, einteilige Frontscheibe mit dahinter angebrachter Nummern-/Zielanzeige ermöglicht eine gute Sicht. Die Köpfe der Scharfenbergkupplungen können abgenommen werden. Die Triebdrehgestelle in geschweißter Hohlträgerbauweise sind besonders flach gebaut. Megifedern übernehmen die Primärfederung, Schraubenfedern mit Hydraulikdämpfern die Sekundärfederung. In den mittigen Laufdrehgestellen werden Radsätze von kleinerem Durchmesser (410 statt 590 mm) verwendet. Als Primärfedern dienen hier Gummischubfedern, als Sekundärfederung Schubgummiringe und Schraubenfedern. Fünf elektromechanisch angetriebene Schwenkschiebetüren (im Niederflurbereich doppelt) verschließen die

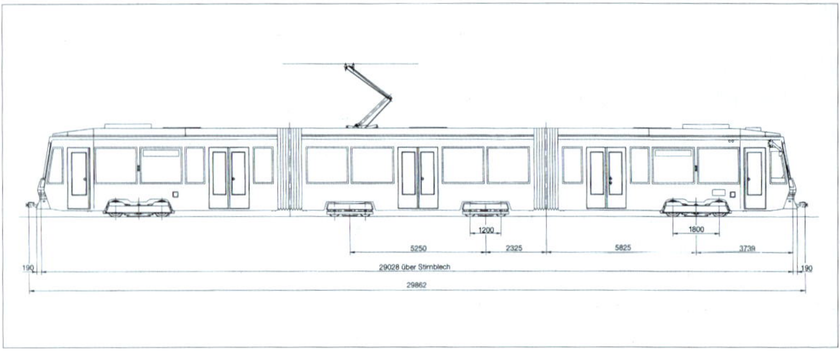

rechte Wagenseite. Die Einstieghöhe beträgt 300 mm, die Fußbodenhöhe 350 bzw. 585 mm. Die Fahrgäste sitzen auf dreireihigen Abteilquersitzen (davon zwölf auf Podesten). Der klimatisierte Fahrerraum ist abgetrennt; eine Zwischentür mit Fenster ermöglicht Fahrscheinverkauf durch den Fahrer.

Die elektrische Ausrüstung mit Drehstromantriebstechnik wurde von ABB geliefert. Je zwei Bipolar-Transistor-Direktumrichter sind mit der Kühlgruppe in einem Dachcontainer zusammengefaßt. In den Enddrehgestellen sind je zwei querliegende, wassergekühlte Drehstrom-Asynchronmotoren eingebaut. Sie sind gelenkig am Drehgestellrahmen aufgehängt und treiben über eine Hohlwelle und eine Kardan-Gelenkkupplung jeweils eine Achse an. Die in einem Kasten hinter dem Fahrer untergebrachte MICAS-Antriebssteuerung ist mikroprozessorgesteuert. Der Einsatz mehrerer Triebwagen in Zugsteuerung ist möglich. Neben der generatorischen Betriebsbremse sind eine hydraulische Federspeicherbremse im Triebdrehgestell, stufenlose aktive Federspeicherbremsen im Laufdrehgestell sowie Magnetschienenbremsen vorgesehen.

Technische Daten

Radsatzfolge	Bo'+2'2'+Bo'
Länge	29,41 m
Breite	2,30 m
Radstand im Triebdrehgestell	1,80 m
Radstand im Laufdrehgestell	1,20 m
Drehgestellmittenabst.	5,83-7,58-5,83 m
Eigenmasse	32,5 t
Sitzplätze	71+2
Leistung	4 x 95 kW (600 V)
Baujahr	1994-2001
Spurweite	1435 m

Adtranz: Niederflur-Gelenktriebwagen GT8N

Der vierteilige GT8N der zweiten Generation weist zahlreiche Neuerungen auf: Aluminiumwagenkasten, neugestaltete Front, mittiger Doppelgelenkübergang, hydraulischer Knickschutz, konsequente Schnittstellenreduzierung, vergrößerter Sitzabstand.

Nürnberg erhielt 1998/99 die erste Serie weiterentwickelter GT8N. Die 26 Einrichtungswagen werden als Nr. 1101-1126 eingeordnet. Zwischen 1999 und 2001 erhält München 20 Fahrzeuge desselben Typs (Nr. 2201–2220, Bild). Das Innen- und Außendesign wurde von der Firma Neumeister gestaltet.

Im Unterschied zum Bremer GT8N (siehe S. 134) wird der Wagenkasten nicht mehr in Stahlleichtbauweise, sondern in geschweißter Aluminumhybridbauweise erstellt. Er besteht aus Strangpreßprofilen und einem verleimten Alu-Sandwich-Dach, in das die Heizungs- und Lüftungskanäle integriert sind. Die Verwendung von Aluminium reduziert die Eigenmasse und mindert Reparaturkosten. Völlig neu ist der mittlere Doppelgelenkübergang mit Schubgelenkstange, womit das Fahrzeug de facto zum fest verbundenen Trieb- und Beitriebwagen mit begehbarem Übergang wird. Der Z-Versatz von ca. 800 mm der Längsmittenachsen der verbundenen Wagenkästen erleichtert das Befahren von engen Kurvenradien mit S-Kurven. Zudem ermöglicht er eine schnelle werkstattmäßige Fahrzeugtrennung in zwei Hälften. Der Portalabstand beträgt im Mittelgelenk 1500 mm, ansonsten 920 mm. Ein elektronisch gesteuerter, hydraulischer Knickschutz von Liebherr stabilisiert das Fahrzeug und soll bei Abschleppfahrten ein Ausknicken ver-

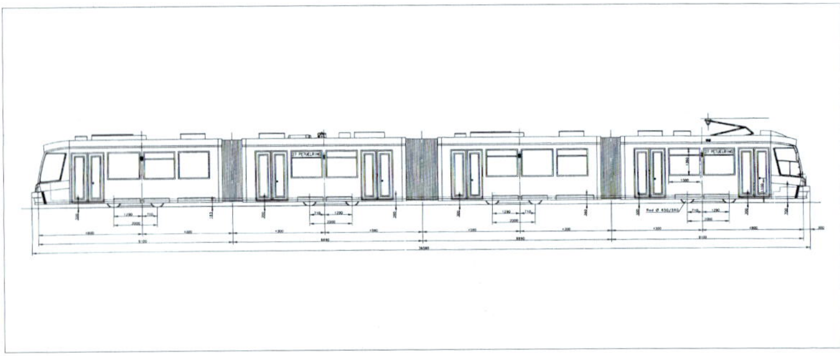

hindern. Die GFK-verkleidete Front ist nun kantig ausgeführt. Die schlecht lesbare Nummern-/ Zielanzeige hinter der Stirnscheibe wurde durch einen großen, nach unten geneigten Kasten ersetzt. Infolge des Wegfalls der Dachvouten konnten die Seitenscheiben weiter nach oben hin verlängert werden. Der Radabstand im Drehgestell wurde von 1850 auf 2000 mm erweitert, um den Sitzabstand von 475 mm auf 600 mm vergrößern zu können. Die Lauf-/Triebräder sind nicht mehr einheitlich ausgerichtet. Sechs statt fünf doppelflügelige Außen- Schwenkschiebetüren (1250 mm lichte Weite) verkürzen in der Münchner Version den Fahrgastwechsel. Die Nürnberger Version hat nur fünf Türen. Wie beim Bremer Typ beträgt die Einstiegshöhe 300 mm, die Fußbodenhöhe 360 mm. Völlig neu gestaltet wurde das Innendesign.

Siemens liefert die E-Ausrüstung mit modernster Drehstromantriebstechnik (Umrichter mit luftgekühlten GTO-Thyristoren). Auf Durchbrüche für Kabel im Rohbau wird nun weitgehend verzichtet. Sie werden in vorkonfektionierten Kanälen, Schränken und Containern zusammengefaßt.

Technische Daten

Radsatzfolge	(1A)'+(A1)'+(1A)'+(A1)'
Länge	35,98 m
Breite	2,30 m
Radstand im Drehgestell	2,00 m
Drehpunktabstand	8,60-9,18-8,60 m
Eigenmasse	40,8 t
Sitzplätze	97 (München)
Leistung	4 x 100 kW (650 V)
Baujahr	1999–2001
Spurweite	1435 mm

DWA/Bombardier: Niederflur-Gelenktriebwagen 8NGTW

Die zweite Generation der Kasseler Niederflurwagen wird von mittigen Einzelrad-Einzelfahrwerken zu Laufdrehgestellen mit Losrädern übergehen. Für den Einsatz auf der Lossetalbahn ist der Wagen voll EBO-tauglich. Auch weitere Betriebe haben diesen Fahrzeugtyp bestellt.

Die Einrichtungswagen 601-612 gehören der Kasseler Verkehrs AG, die Einrichtungswagen 613-622 der Regionalbahn Kassel. Letztere hat außerdem die Zeirichtungswagen 631-635 bestellt. Der Niederfluranteil beträgt rund 70 %. Gegenüber dem Typ NGT6C wurde die Sitzplatzzahl angesichts der langen Reisezeiten im Überlandverkehr von 80 auf 87 erhöht; dafür entfiel eine Doppeltür. Das Fahrzeugdesign wurde modernisiert.
Essen erhielt von 1999-2001 ähnliche Gelenktriebwagen des Typs N8D-NF (Nr. 1501-1534, Länge 27,48 m, Breite nur 2,30 m). Auch Schwerin (20 Einrichtungs- und 8 Zweirichtungswagen) und Dessau (14 Einrichtungswagen) haben ähnliche Fahrzeuge bestellt.

Der Wagenkasten ist eine geschweißte Stahlleichtbaukonstruktion. Bug-, Heck- und Seitenscheiben sind bündig mit der Außenkontur auf den Wagenkasten geklebt. Der Bug wird von der großen, gewölbten Scheibe dominiert. Das in Sandwichbauweise erstellte Dach wird eingeklebt. Unter den Endwagen sind konventionelle Triebdrehgestelle mit Einzelachsantrieb vorgesehen. Der Mittelwagen läuft auf zwei Laufdrehgestellen mit Losrädern, die an einer gekröpften Achse befestigt sind. Der Raddurchmesser beträgt einheitlich 590 mm/neu (keine Kleinräder). Die Kupplungen sind zurückziehbar und werden in diesem Zustand von Schürzen verdeckt. Drei elektromechanisch be-

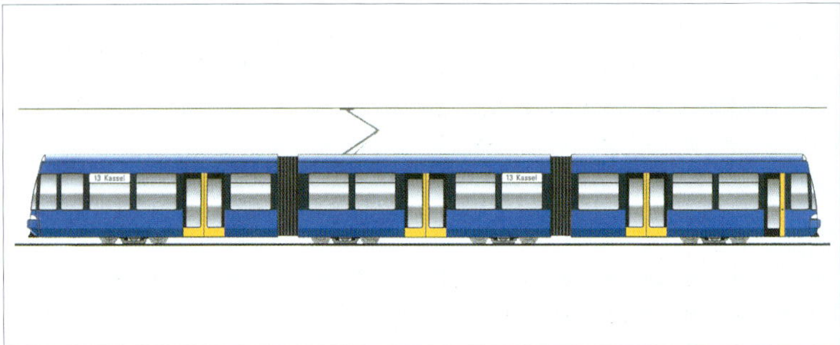

diente, doppelte Außenschwenkschiebetüren sowie eine zusätzliche Einzeltür vorne verschließen die rechte Wagenseite. Die Einstieghöhe beträgt 300 mm, die Fußbodenhöhe 350 bzw. 560 mm. Die Fahrgäste sitzen auf vierreihigen Abteilquersitzen; im Heck sind je drei Längssitze vorgesehen. Die Einzelschalensitze sind leicht gepolstert. Der abgeteilte, ergonomisch ausgelegte Führerstand ist klimatisiert.

Die E-Ausrüstung liefert Kiepe. In einem Dachgerätecontainer sind die Antriebs- und Fahrzeugsteuerung sowie die Bordnetzversorgung plaziert. Die zwei unter den Endwagen vorgesehenen Triebdrehgestelle sind mit je zwei Drehstrom-Asnychronmotoren ausgerüstet. Jedem der vier Motoren ist ein eigener, luftgekühlter Direkt-Puls-Umrichter in IGBT-Technik zugeordnet. Die Fahrzeuge sind zugverbandsfähig. BISS-Leittechnik der zweiten Generation mit Wagen- und Zugbus wird eingebaut. Eine IBIS-2-Anlage mit Zug- und Wagenbus steuert das Informationssystem. Auf dem mittleren C-Teil ist ein Einholmstromabnehmer montiert. Zur Bremsanlage gehören die generatorische Bremse, die Federspeicherbremse in den Triebdrehgestellen, analoge passive Federspeicherbremsen mit lastabhängiger Bremskraftregelung in den Laufdrehgestellen sowie zwei Magnetschienenbremsen pro Drehgestell.

Technische Daten

Radsatzfolge	Bo'+2'2'+Bo'
Länge	28,88 m
Breite	2,40 m
Radstand im Drehgestell	1,80 m
Eigenmasse	33,70 t
Sitzplätze	87
Leistung	4 x 125 kW (600 V)
Baujahr	1998ff.
Spurweite	1435 mm

Siemens: Niederflur-Gelenktriebwagen „Combino“

In einer spektakulären Kehrtwende stoppte Augsburg die Bestellung der zweiten Serie von Adtranz-Niederflurwagen Typ GT6M und orderte dafür bei Siemens 16 siebenteilige Combino-Fahrzeuge in Einrichtungsbauweise.

Nicht zuletzt wegen des hohen Platzangebotes fiel die Wahl auf den Combino: Die 41,96 m lange, siebenteilige Version bietet ein Gesamtplatzangebot von 252 Personen (bei 4 Stehplätzen/m^2). Zum Vergleich: Der GT8N von Adtranz (Ausführung München) weist nur 218 Sitz- und Stehplätze auf. Die Gelenktriebwagen mit den Nr. 821-836 werden auf der kurven- und steigungsreichen Linie 1 eingesetzt. Weitgehend baugleich sind die nach Freiburg gelieferten Combino-Siebenteiler 271-279. Zusätzlich wurde hier ein Liniennummerkasten eingebaut.

Der Siebenteiler entspricht konstruktiv dem Potsdamer Fünfteiler (siehe S. 130) und wurde um ein Fahrwerkmodul und ein Zwischenmodul erweitert.

Die beim Combino ausschließlich von Siemens gelieferte E-Ausrüstung entspricht derjenigen des Potsdamer Fahrzeugs. Der Einholm-Stromabnehmer ist auf dem dritten Wagenteil montiert. Die Höchstgeschwindigkeit beträgt 70 km/h.

Technische Daten

Radsatzfolge	Bo+2+Bo+Bo
Länge ü.P.	41,96 m
Breite	2,30 m
Radstand im Drehgestell	1,80 m
Eigenmasse	43,7 t
Sitzplätze	101
Leistung	6x100 kW
Baujahr	1999-2000
Spurweite	1000 mm

Übersicht: „Combino“

Der Name „Combino“ weist darauf hin, daß das Fahrzeug nicht individuell entwickelt wird, sondern gemäß Kundenwunsch aus standardisierten Modulen und Komponenten kombiniert wird. Der vierteilige Prototyp (siehe Bild S. 21) diente zur Demonstration unterschiedlicher technischer Lösungen. Heute werden nur noch Doppelfahrwerke angeboten. Das im Prototyp eingebaute Einzelrad-Einzelfahrwerk (EEF) ist nicht mehr im Lieferprogramm. Wagenlängen von 19 m (Dreiteiler) bis 43 m (Siebenteiler) und Wagenbreiten von 2,20 bis 2,65 m sind möglich. Während die Länge von Kopf- und Fahrwerkmodul vorgegeben ist, sind das Zwischen- (4,97 m bzw. 6,60 m) und Übergangsmodul (0,70 bzw. 0,85 m) variierbar. Im Zwischen-/Kopfmodul ist die Tür- und Fenstereinteilung individuell wählbar.

Betrieb	Nummern	Ausführung	Radsatzfolge	Länge (m)	Breite (m)	Baujahr
Prototyp (N/M)	(1 x)	Z; vierteilig	1+Bo+Bo	26,38	2,30	1996
Amsterdam (N)	*(95 x)*	*E; fünfteilig*	*Bo+2+Bo*	*28,89*	*2,40*	*2001-2003*
Augsburg (M)	821-836	E; siebenteilig	Bo+2+Bo+Bo	41,96	2,30	1999-2000
Basel (M)	*(28 x)*	*E; siebenteilig*	*Bo+2+Bo+Bo*	*42,86*	*2,30*	*2001-2002*
Bern (M)	*(15 x)*	*E; fünfteilig*	*Bo+2+Bo*	*30,52*	*2,30*	*2002-2003*
Erfurt (M)	621-634	E; fünfteilig	Bo+2+Bo	30,52	2,30	2000-2002
Freiburg/B. (M)	271-279	Z; siebenteilig	Bo+2+Bo+Bo	41,96	2,30	1999-2000
Hiroshima) (N)*	*(8 x)*	*Z; fünfteilig*	*Bo+2+Bo*	*30,52*	*2,45*	*1999-2001*
Melbourne (N)	*(21 x)*	*Z; fünfteilig*	*Bo+2+Bo*	*28,89*	*2,65*	*2001-2002*
Melbourne (N)	*(38 x)*	*Z; dreiteilig*	*Bo+Bo*	*19,08*	*2,65*	*2001-2002*
Nordhausen (M)	101-104	E; dreiteilig	Bo+Bo	19,08	2,30	2000-2002
Potsdam (N)	401-448	E; fünfteilig	Bo+2+Bo	30,52	2,30	1998-2009

*) abweichende Kopfform

M = Meterspur   E = Einrichtungswagen   m = Meter
N = Normalspur   Z = Zweirichtungswagen

M = Meterspur   E = Einrichtungswagen
N = Normalspur   Z = Zweirichtungswagen   m = Meter

Siemens: Niederflur-Gelenktriebwagen NF10

Ende 1997 bestellte die Düsseldorfer Rheinbahn 18 auf dem „Combino"-Prinzip basierende Fahrzeuge. Insbesondere im Bereich der Endwagen unterscheidet sich der Typ NF10 aber deutlich von seinem Vorbild.

Bei den ersten 18 Fahrzeugen handelt es sich um siebenteilige Einrichtungswagen in 100-Prozent-Niederflurbauweise. Die Option über 68 weitere Fahrzeuge beinhaltet auch 30 m lange Fünfteiler sowie Zweirichtungsfahrzeuge. Ob sie wahrgenommen werden wird oder ob die Rheinbahn erneut andere Wege gehen wird, ist noch unklar.
Da der „Combino" ausschließlich mit E-Ausrüstungen von Siemens angeboten wird, der Kunde beim elektrischen Teil jedoch wieder den Hauslieferanten Kiepe Elektrik berücksichtigen wollte, werden die abgewandelten Niederflurwagen jenem Typ offiziell nicht zugerechnet. Der Hersteller bezeichnete die Fahrzeuge ursprünglich als R 100. Bei der Rheinbahn heißen sie NF10.

Beim Typ NF10 sind der kurze Endwagen und das erste Zwischenmodul des „Combino" zu einem 7,68 m langen, zweitürigen Endwagen zusammengefaßt. Dieser besitzt kein angetriebenes Fahrwerk, sondern nach außen versetzte, nicht angetriebene Fahrwerke mit besonders kleinen Rädern (Raddurchmesser 430 statt 600 mm/neu wie bei den Triebfahrwerken). Damit ändert sich die Konfiguration der restlichen Module: drei Kurzmodule (mit angetriebenen Fahrwerken) und zwei Langmodule – im Vergleich zu zwei Kurzmodulen und drei Langmodulen beim „Combino".
Die 4,04 m langen Kurzmodule sind baugleich, die Langmodule wurden gegenüber dem „Combino" verkürzt

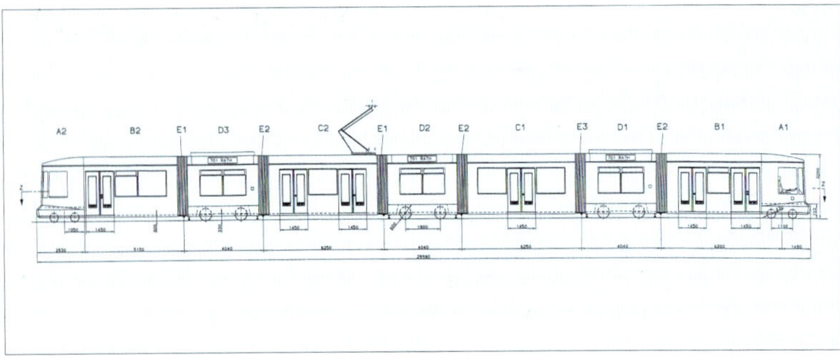

(6,25 m statt 7,40 m). Der Typ NF10 ist damit um rund 2 m kürzer als der „Combino“ in der Version Augsburg/Freiburg. Äußerlich fällt das Fahrzeug durch die veränderte Frontgestaltung auf (Panoramaverglasung, gerade gestellte Scheiben).

Die Einstieghöhe an den sechs Doppeltüren beträgt 300 mm; über den Fahrwerken ist die Fußbodenhöhe auf 330 mm angerampt. Im Bug- und Heckbereich beträgt die Fußbodenhöhe 723 mm. Auf der rechten Fahrzeugseite sind nur einzelne Längs- und Quersitze vorgesehen, auf der linken Seite überwiegend zweireihige Quersitze.

Technische Daten

Radsatzfolge	2'+Bo'+Bo'+Bo'+2'
Länge	39,98 m
Breite	2,40 m
Radstand im Triebfahrwerk	1,80 m
Radstand im Lauffahrwerk	1,10 m
Sitzplätze	91+7
Baujahr	1999/00
Spurweite	1435 mm

Siemens, Bombardier: Niederflur-Gelenktriebwagen NGT8DD

Voraussichtlich noch 2000 wird Dresden eine siebenteilige Variante des fünfteiligen Niederflurwagens NGT6DD erhalten (siehe S. 126). Er wird von dem Konsortium „SachsenTram“ hergestellt, das sich aus den Firmen Siemens, Bomardier und Adtranz zusammensetzt.

Das siebenteilige Fahrzeug besteht aus vier Kurzmodulen mit Fahrwerken, drei Langmodulen („Sänften) sowie zwei Kopfmodulen. Die Fahrwerke sind drehsteif mit dem Wagenkasten verbunden. Der Niederfluranteil des Siebenteilers wird sich auf rund 80 Prozent erhöhen. Wahrscheinlich werden in dieser Konfiguration nur Einrichtungsfahrzeuge beschafft werden. Abgebildet ist eine Computer-Simulation.

Der in geschweißter Stahlleichtkonstruktion gefertigte Wagenkasten ist besonders verformungssicher. Die Endpartien weisen Prallelemente mit Stoßverzehreinrichtungen auf und sind mit elastischem Material verkleidet, um Unfallschäden zu reduzieren. Die nach unten gezogene Panoramaverglasung bietet dem Fahrer eine gute Sicht. Die getönten Fenster sind rahmenlos in die Seitenwand eingeklebt. Die Triebfahrwerke besitzen einen H-förmigen Rahmen in geschweißter Hohlträgerbauweise. Unter zwei kurzen Modulen sind Lauffahrwerke mit Losrädern vorgesehen. Je zwei Losräder sind in einem gekröpften Radträger gelagert.

Als Primärfederung dienen Megi-Federn, als Sekundärfederung eine neuartige hydropneumatische Feder, die die Einstiegshöhe (295 mm) konstant hält. Die Fußbodenhöhe beträgt 355 bzw. 580 mm. In den drei langen Modulen sind je zwei elektromechanisch angetriebene Außenschwenk-

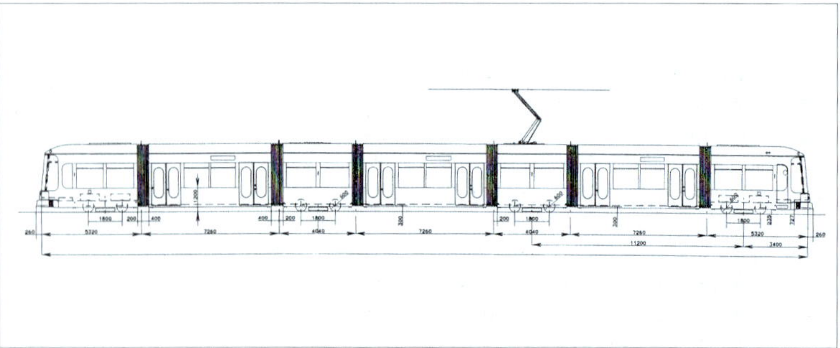

schiebetüren angebracht. Die Fahrgäste sitzen auf viereihigen Abteil-Quersitzen (kurze Module) bzw. hintereinander auf dreireihigen Quersitzen (lange Module).
Die klimatisierte Fahrerkabine ist durch eine Trennwand mit Drehtür vollständig abgeschlossen. Vorne rechts ist eine äußere Fahrertür eingebaut.

Adtranz zeichnet für Pulswechselrichter, Fahrmotoren und Getriebe, Siemens für die Antriebs- und Zentrale Fahrzeugsteuerung in Mikroprozessortechnik (mit Diagnosesystem), das Bordnetz und die Klimatisierung verantwortlich.
Den drei wassergekühlten Transistor-Dreipunkt-Wechselrichtern auf dem Wagendach ist jeweils ein Triebfahrwerk mit zwei wassergekühlten Drehstrommotoren zugeordnet. Bremsenergie kann in die Fahrleitung zurückgespeist werden. Der IBIS-2-Zentralrechner steuert die Informationseinrichtungen (zweiseitige Innenanzeigen sowie acht Außenanzeigen in Matrixschrift). Die elektrodynamische Betriebsbremse wird ergänzt durch elektrohydraulische Federspeicherbremsen (Triebdrehgestelle), aktive elektrohydraulische Bremsen (Losräder) sowie Magnetschienenbremsen.

Technische Daten

Achsfolge	Bo+2+Bo+Bo
Länge	40,50 m
Breite	2,30 m
Radstand im Drehgestell	1,80 m
Radstand im Laufwerk	1,80 m
Eigenmasse	ca. 41 t
Sitzplätze	ca. 140
Stundenleistung	4 x 95 kW (600 V)
Baujahr	2000/2001
Spurweite	1450 mm

Siemens: Niederflur-Gelenktriebwagen GT8-70D/N

Die 20 dreiteiligen Einrichtungswagen des Typs GT6-70D/N (s. S. 122) der Verkehrsbetriebe Karlsruhe wurden ab 1999 durch 20 fünfteilige GT8-70D/N ergänzt. Durch Einfügen eines zusätzlichen Fahrwerkwägelchens und eines Zwischenmoduls stieg der Niederfluranteil auf rund 80 Prozent.

Die fünfteiligen Niederflurwagen tragen die Betriebsnummern 301-320. Sie entsprechen konstruktiv dem dreiteiligen Vorbild. Moderne Drehstromantriebstechnik kommt zur Anwendung.

Der aus Modulen kombinierte Wagenkasten in Stahl-Leichtkonstruktion mit zusammengeschweißten Walz-, Kant- und Hohlprofilen bildet eine tragende Röhre. Die Wagenköpfe werden von der Panoramaverglasung mit horizontal gekrümmter Frontscheibe und den wuchtigen Stoßverzehreinrichtungen geprägt. Die beiden Triebdrehgestelle in konventioneller Bauart besitzen einen H-förmigem Rahmen in geschweißter Hohlträgerbauweise. Die Primärfederung erfolgt über Megi-Stützlager, die Sekundärfederung über Luftfederbälge mit Schwingungsdämpfern. Unter den mittleren zwei, 3,22 m langen Fahrwerkwägelchen ist je ein Lauffahrwerk mit einzeln gelagerten Losrädern vorgesehen. Je zwei Losräder sind in einem gekröpften Radträger gelagert. Die Federung erfolgt ebenfalls über Gummi bzw. Luft. Neu ist das 6,78 m lange, aufgesattelte Mittelmodul. Insgesamt sind fünf doppelflügelige, elektromechanisch bediente Schwenkschiebetüren mit einer lichten Weite von 1250 mm eingebaut. Die Einstiegshöhe beträgt 340 mm; ein Schwenkschiebetritt überbrückt die Lücke bei 335 mm hohen Bahnsteigen. Die Fußbodenhöhe beträgt 407 mm, an den Wagenenden 610 mm. Die Seiten-

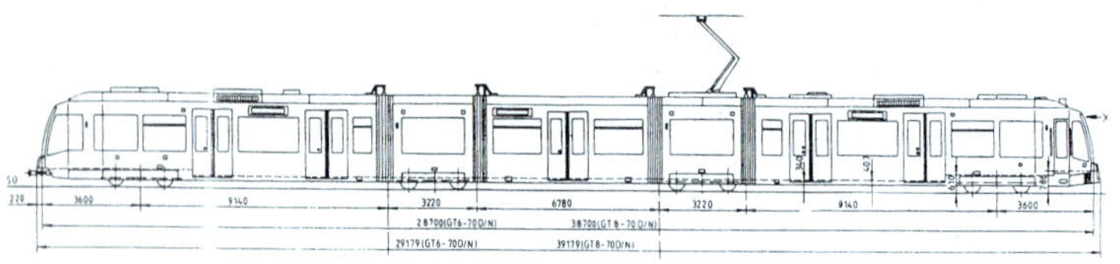

fenster sind rahmenlos in die Seitenwand eingeklebt. Überwiegend vierreihige Quersitze mit Stoffpolsterung sind eingebaut und hintereinander bzw. in Abteilform angeordnet. Im Heckbereich sowie im Mittelmodul auf der rechten Seite sind Längssitze eingebaut. Im A-Teil geben Klappsitze gegenüber den Einstiegen Stellräume frei. Der klimatisierte Fahrerraum ist durch eine Wand mit Innentür und Fenster abgetrennt sowie durch eine Außentür vorne rechts zugänglich. Am Heck ist ein Hilfsführerstand angebracht.

Elektrische Ausrüstung und Bremsanlage entsprechen dem Vorbild; die Motorisierung mußte nicht erhöht werden. Der Einholmstromabnehmer ist weiterhin auf dem zweiten Wagenteil angeordnet.

Technische Daten

Radsatzfolge	Bo'+2+2+Bo'
Länge	38,70 m
Breite	2,65 m
Radstand im Triebdrehgestell	1,80 m
Radstand im Lauffahrwerk	1,80 m
Drehgestell-/Fahrwerkmittenabstände	10,75-10,00-10,75 m
Eigenmasse	49,2 t
Sitzplätze	124
Stundenleistung	4 x 127 kW (750 V)
Baujahre	1999
Spurweite	1435 mm

ALSTOM LHB: Niederflur-Beiwagen SB9

Die Hessische Elektrizitäts AG (HEAG) beobachtete die Entwicklung niederfluriger Gelenkwagen abwartend, da sie zu ausgereiften Lösungen greifen wollte. Für die Übergangszeit wurden 30 niederflurige Beiwagen beschafft, die hinter Hochflurwagen eingesetzt werden.

Die Beiwagen Nr. 9425-9454 des HEAG-Typs SB9 sind vom vierachsigen Mittelwagen des Magdeburger Niederflurwagens NGT8D abgeleitet (siehe S. 140). Die 1998 abgelieferten Darmstädter Niederflur-Gelenkwagen des HEAG-Typs ST13 (Typ Magdeburg) wurden an das Design der Niederflur-Beiwagen angepaßt. Die Niederflurbeiwagen kommen inzwischen auch hinter diesen Fahrzeugen zum Einsatz.

Der Wagenkasten ist in Stahlleichtbauweise hergestellt. Bug und Heck sind stärker zugespitzt als beim „Typ Magdeburg". Großflächige Seiten- und Türfenster ermöglichen eine gute Sicht. Die kleinrädrigen Laufdrehgestelle in geschweißter Hohlträgerkonstruktion entsprechen konstruktiv dem Magdeburger Vorbild; die Bremsausrüstung ist allerdings aufwendiger. Der geringe Raddurchmesser von 410 mm (neu) ermöglicht die zu 100 Prozent niederflurige Bauweise des Fahrzeugs. Die Primärfederung erfolgt über Gummischubfedern, die Sekundärfederung über hintereinandergeschaltete Schubgummiringe und Schraubenfederrn. An den Radsätzen sind außenliegende Wellenbremsscheiben angeordnet; die dazugehörigen Aktiv-Bremssättel sind am Rollenlagergehäuse angebracht. Als Betriebsbremse dient eine mikroprozessorgesteuerte, hydraulische Knorr-Bremse. Zusätzlich sind an vier Rädern hydraulisch bediente Federspeicher

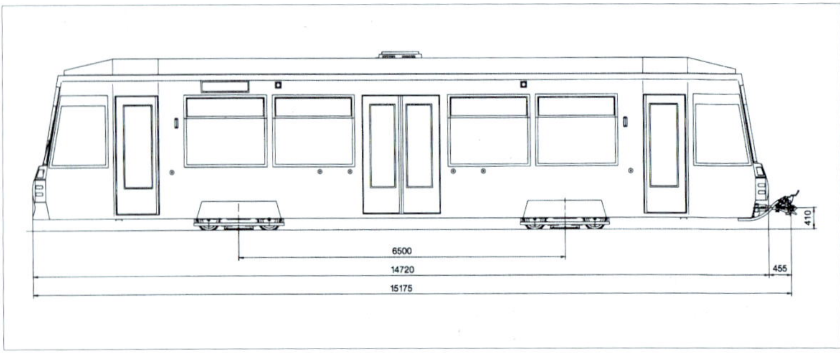

montiert. Hinzu kommen pro Drehgestell zwei Magnetschienenbremsen.
Drei elektromotorisch angetriebene Schwenkschiebetüren (in der Mitte doppelflügelig) ermöglichen einen schnellen Fahrgastwechsel. Die Einstiegshöhe beträgt 300 mm, die durchgehende Fußbodenhöhe 350 mm. Die Fahrgäste sitzen auf vierreihigen, voll gepolsterten Quersitzen, die in Fahrtrichtung angeordnet sind. Sechzehn im Drehgestellbereich befindliche Sitze mußten auf Podesten angeordnet werden. Am Heck ist ein Hilfsfahrschalter eingebaut, der sowohl den Betrieb mit Gleichstromsteller- als auch mit Drehstromfahrzeugen ermöglicht. Umformer und Batterie für das Bordnetz sind auf dem Wagendach angebracht. Der Stückpreis von DM 1,3 Mio. pro Fahrzeug ist wegen der aufwendigen elektrischen Ausrüstung recht hoch.

Technische Daten

Radsatzfolge	2'2'
Länge über Rammbohle	14,72 m
Breite	2,40 m
Radstand in Drehgestell	1,20 m
Drehgestellmittenabstand	6,50 m
Sitzplätze	48
Eigenmasse	12,8 t
Baujahr	1994/95
Spurweite	1435 mm

NB4

Bombardier: Niederflur-Beiwagen

Leipzig und Rostock beschaffen Niederflurbeiwagen mit Kleinrad-Drehgestellen, um sie hinter hochflurigen Tatra-Vierachsern einzusetzen. Die Wagenkästen werden im polnischen Cegielski-Werk erstellt, die Montage erfolgt bei MGB. Von Vevey kommen die Drehgestelle.

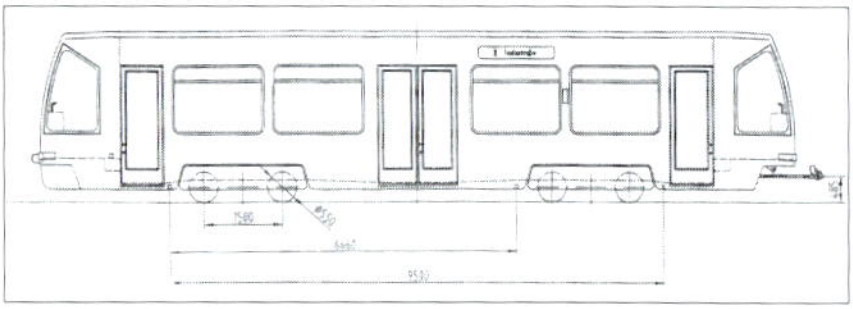

Von Ende 2000-2002 werden 38 Einrichtungsbeiwagen an die Leipziger Verkehrsbetriebe (Typ NB4; Spurweite 1458 mm) und 22 an die Rostocker Straßenbahn (Typ 4NBWE; Spurweite 1435 mm) geliefert. In Leipzig werden sie zusammen mit den Triebwagentypen T4D-MC und T6A2M eingesetzt. Es handelt sich um eine sehr einfache Konstruktion. Das Design wird von den großflächigen Seiten- und Endfenstern bestimmt. Letztere sind bis in den Dachbereich hochgezogen. Berlin verwarf Pläne zur Beschaffung ähnlicher Beiwagen.

Die Fußbodenhöhe beträgt im Drehgestellbereich 430 mm, ansonsten 350 mm. Im Bereich der Einstiege ist sie auf 290 mm abgesenkt. Elektromechanisch betätigte Außenschwenkschiebetüren mit 700 bzw. 1300 mm lichter Weite kommen zum Einbau. In der Mitte sind sie doppelflügelig ausgeführt. Eine unterschiedliche Sitzanordnung lockert den Innenraum auf (Quersitze, halbkreisförmige Sitzgruppen, Längssitze an den Enden). Die Endbereiche werden über zwei Innenstufen erreicht. Die Kleinraddrehgestelle Bauart Vevey besitzen einen Raddurchmesser von 410 mm (neu).

Technische Daten*

Radsatzfolge	2'2'
Länge	14,50 m
Breite	2,20 m
Radstand im Drehgestell	1,50 m
Drehgestellmittenabstand	6,66 m
Eigenmasse	ca. 12,8 t
Sitzplätze	32
Baujahr	2000-02
Spurweite	1458 mm

*) Ausführung Leipzig

Abkürzungen

ASG	Antriebsteuergerät
AVG	Albtalbahn-Verkehrs-Gesellschaft mbH, Karlsruhe
BOStrab	Betriebsordnung Straßenbahn
BSG	Bremssteuergerät
BVG	Berliner Verkehrsbetriebe AG
B	Beiwagen
Bw	Beiwagen
C	Choppersteuerung (Gleichstromstellersteuerung)
D	Drehstrom
DB	Deutsche Bundesbahn
DB AG	Deutsche Bahn AG
E	Einrichtungsbetrieb
EBO	Eisenbahn-Bau- und Betriebsordnung
EEF	Einzelrad-Einzel-Fahrwerk
EU	Europäische Union
EVAG	Erfurter Verkehrsbetriebe AG oder Essener Verkehrs AG
ex	ehemals
G	Gelenk
GT	Gelenktriebwagen
GFK	Glasfaserkunststoff
GTO	Gate Turn Off
HEAG	Hessische Elektrizitäts AG, Darmstadt
IBIS	Integriertes Betriebsinformationssystem
IGBT	Insulated Gate Bipolar Transistor
LZB	Linienzugbeeinflussung
M	Meterspur bzw. Mittelflur
Megi	Metallgummi
Montos	Montrose-Oster
N	Normalspur
NF	Niederflur
OEG	Oberrheinische Eisenbahn-Gesellschaft
ÖPNV	Öffentlicher Personennahverkehr
PCC	Presidents' Conference Committee
RBL	Rechnergesteuertes Betriebsleitsystem
RHB	Rhein-Haardtbahn
S	Schützensteuerung
SPNV	Schienenpersonennahverkehr
SY	System
T	Triebwagen
Tw	Triebwagen
U	Umbau
ULF	Ultra low floor vehicle
VBK	Verkehrsbetriebe Karlsruhe
VDV	Verband Deutscher Verkehrsbetriebe (seit 1991)
VÖV	Verband Öffentlicher Verkehrsbetriebe (Bezeichnung bis 1991)
Z	Zweirichtungsbetrieb
ZFG	Zug- und Fahrzeugsteuergerät
ZR	Zweirichtungsbetrieb
ZSG	Zentrales Steuergerät

Herstellerverzeichnis

ABB	ABB Henschel AG, Mannheim
ACEC	Ateliers de Constructions Electriques de Charleroi
Adtranz	ABB Daimler Benz, Nürnberg (seit 1996)
AEG	Allgemeine Elektrizitäts Gesellschaft, Berlin (1993/94: AEG Schienenfahrzeuge Nahverkehr und Wagen GmbH, Nürnberg; AEG Schienenfahrzeuge Hennigsdorf, GmbH; fusioniert 1994 in AEG Schienenfahrzeuge GmbH, Hennigsdorf/Nürnberg)
BBC	Brown, Boveri & Cie., Mannheim
Bombardier	Bombardier Eurorail, Brüssel
CKD	Coskomoravska Kolben Danek, Tatra Smichov, Prag (vormals Waggonfabrik Ringhoffer)
DÜWAG	Düsseldorfer Waggonfabrik AG
DUEWAG	Düsseldorfer Waggonfabrik AG (Schreibweise ab 1981)
DWA	Deutsche Waggonbau AG, Bautzen/Dessau
Fiat-SIG	FIAT-SIG Schienenfahrzeuge AG, Neuhausen
Kiepe	Kiepe Bahn Elektrik GmbH
LEW	VEB Lokomotivbau Elektrotechnische Werke, Hennigsdorf
LHB	Linke-Hofmann-Busch Waggonfahrzeug-Maschinen GmbH, Salzgitter
MAN	Maschinenfabrik Augsburg-Nürnberg AG, Nürnberg
MAN GHH	Maschinenfabrik Augsburg-Nürnberg Gutehoffnungshütte AG, Oberhausen, Werk Nürnberg (1986-93)
MGB	Mittenwalder Gerätebau GmbH, Mittenwalde
Schindler	Schindler Waggon AG, Pratteln
SGP	Simmering-Graz-Pauker Verkehrstechnik GmbH, Wien/Graz
SLM	Schweizerische Lokomotiv- und Maschinenfabrik (SLM), Winterthur
Siemens	Siemens Verkehrstechnik, Erlangen
Vevey	Vevey Technologies SA, Villeneuve
Waggon-Union	Waggon-Union GmbH, Berlin
Wegmann	Wegmann & Co. Waggonfabrik, Kassel

Literaturhinweise/Bildnachweis

Literatur

Bethge, M. et al.: Die Straßenbahnen in der DDR, Berlin 1978

Höltge, Dieter: Die deutschen Straßenbahn-Gelenkwagen, Stuttgart/Berlin/Köln/Mainz 1983

Pabst, Martin: Taschenbuch Deutsche Straßenbahn-Triebwagen. Elektro-Triebwagen 1881-1931, Stuttgart 1981
ders.: Taschenbuch Deutsche Straßenbahn-Triebwagen. Elektro-Triebwagen 1931-heute, Stuttgart 1982
ders.: Taschenbuch Deutsche Straßenbahn-Beiwagen, Stuttgart 1984
ders.: Straßenbahn-Fahrzeuge. Band1: Typenbuch der deutschen Straßenbahnen, München 1998

Prasuhn, P.H.: Chronik der Straßenbahn, Hannover 1969

van der Gragt, Fritz: Moderne Straßenbahnen, Düsseldorf 1973

DER STADTVERKEHR (heute: der stadtverkehr), Brackwede bzw. Freiburg i.Br. 1 (1956) ff.

NAHVERKEHR, Düsseldorf, 1(1983) ff.

STRASSENBAHN MAGAZIN Stuttgart bzw. München 1 (1970) ff.

Bildnachweis

Adtranz: 10, 14, 17, 18 (u), 133
ALSTOM LHB: 141
Betriebe der Stadt Mülheim/R.: 77
Cottbusverkehr GmbH: 79
Bombardier: 22, 55, 125, 156
Dortmunder Stadtwerke AG: 71
Dresdner Verkehrsbetriebe AG: 151
Essener Verkehrs AG: 11
HEAG Verkehrs-GmbH, Darmstadt: 155
Kasseler Verkehrs AG: 145
Rheinbahn Düsseldorf: 149
Rostocker Verkehrs AG: 117
Siemens AG: 9, 13, 18 (o.), 21, 53, 131, 147
Stadtwerke Bielefeld GmbH: 69, 73
Stuttgarter Straßenbahnen: 31
Verkehrsgesellschaft Frankfurt a.M.: 33
Martin Hanisch: 95, 135
Norbert Kuschinski: 85, 127
Axel Reuther: 97
Helmut Roggenkamp: 41, 49
Hans Joachim Schad: 99
Jens Winnig: 75, 153
Verfasser bzw. Archiv Vf.: sonstige

Den Herstellern und Verkehrsbetrieben, insbesondere Herrn Engemann von Siemens, sei für die Überlassung der Wagenzeichnungen gedankt. Dank gilt ebenso den Herren Holger Blaul, Karl-Heinz Gewandt, Martin Hanisch, Axel Reuther, Gerhard Scholtis und Lutz Uebel.

Register (Deutsche Betriebe, Länder)